"이산화탄소가 지구의 기후를 조절한다고 믿는 것은 마술을 믿는 것과 유사합니다."

리처드 린첸

기후정음

이산화탄소가 지구를 살리는데, 탄소중립이요?!

기후정음

초판 1쇄 발행 2025년 9월 23일

지 은 이 이동엽
펴 낸 이 이종복
편   집 최종인 윤구영
펴 낸 곳 하양인
주   소 서울특별시 마포구 성산1동 49-5
전   화 02-6013-5383 핸드폰 010-8982-5843 팩스 02-718-5844
이 메 일 hayangin@naver.com
출판신고 2013년 4월 8일 (제300-2013-40호)

ⓒ 2025, 이동엽

I S B N   979-11-87077-39-8 03450

기후정음

이산화탄소가 지구를 살리는데, 탄소중립이요?!

이동엽 지음

Correct Sounds of the Climate

하양인

용감한 젊은이의 멋진 저서에 무한 찬사를 보내며

이 책의 저자는 원래 "탄소중립" 전도사였다. 그는 미국에서 고교 과정을 마치고 미국 미시간대 앤아버에서 산업공학과를 졸업한 후 귀국하여 카이스트에서 환경경영정책 석사학위를 받았다. 이후 산업 현장에서 ESG·신재생에너지·전기차 프로젝트를 직접 설계하며 누구보다 열정적으로 "탄소중립"을 추진했다. 그러나 시간이 갈수록 현장의 풍경은 그가 꿈꾸었던 이상과 달랐다. 현장의 프로젝트는 과학이 아니라 정치적 목적과 막대한 자본의 흐름에 따라 움직였고, "지구를 구하자"는 구호조차 종종 과학적 사실보다 돈과 권력에 맞추어져 있었다.

그는 어느 날 용기를 내어 나를 찾아왔다. 그는 내가 집필하거나 번역한 여섯 권의 저서와 역서를 모두 읽었고, 유튜브 강의도 부지런히 공부했으며, 관련 해외 원서 여러 권을 탐독했다고 했다. 나는 무척 놀랐고, 직접 만나 자초지종을 들으면서 "우리나라에도 이렇게 지력이 뛰어나고 용감한 젊은이가 있었나?"라는 말이 절로 나왔다. 더구나 그는 고교 시절부터 미국에서 공부해 기후 이슈를 다루는 데 필요한 영어 실력과 글로벌 교양도 충분히 갖추고 있었다.

그는 누구나 쉽게 기후과학을 이해할 수 있도록 『기후정음』을 집필하고 있다고 말했다. 세종대왕이 모든 백성이 쉽게 문자를 익히도록 『훈민정음』을 창제했듯, 자신도 그런 업적을 내고 싶다고 했다. 초안을 받아본 나는, 그가 수많은 책을 읽고 데이터를 분석하며 과학이라는 이름으로 포장된 주장들이 사실과 얼마나 일치하는지를 하나씩 점검해 온 과정을 확인할 수 있었다. 『기후정음』은 바로 그 결과물이다.

이 책은 단순한 기후 회의론을 대변하는 책이 아니다. 특정 진영을 비판하는 데 그치지 않고, 과학의 기본 정신, 곧 "실측 자료와 일치하지 않으면 틀린 것"이라는 원칙을 다시금 일깨운다. 아무리 권위 있는 학자의 말일지라도, 아무리 정교해 보이는 이론일지라도 데이터와 검증을 통과하지 못하면 과학일 수 없다는 단순하지만 중요한 명제를 상기시킨다.

『기후정음』은 독자들이 기후 담론의 화려한 수사와 정치적 언어에 휘둘리지 않고, 사실과 검증이라는 과학의 출발점으로 돌아가도록 돕는다. 이산화탄소를 단순히 "재앙의 원인"으로 규정하지 않고, 그것이 지구 생태계에서 어떤 역할을 해왔는지, 역사적 기후 변동과 어떤 관계를 맺어왔는지를 데이터와 사례로 보여준다. 저자는 이러한 과정을 통해 기후과학을 둘러싼 오해와 과장을 차근차근 걷어낸다.

이 책은 학문적으로도 중요한 기여를 한다. 단지 기후과학을 쉽게 설명하는 교양서가 아니라, 과학의 이름으로 전개되는 정치적 수사와 이념적 주장에 맞서 위대한 지구를 제대로 이해해야 한다는 메시지를 던진다. 과학은 사회와 무관할 수 없지만, 정치와 자본에 종속되는 순간 본질을 잃는다. 이 책은 바로 그 점을 날카롭게 짚어내며, 독자들로 하여금 과학을 다시 과학답게 바라보도록 이끈다.

『기후정음』은 기후 논쟁을 넘어 과학의 본질을 묻는 소중한 기록이다. 과학적 진실을 추구하는 용기, 그리고 불편한 질문을 던질 줄 아는 정직함은 오늘날 우리 사회가 절실히 요구하는 자질이다. 학문적 엄밀성과 사회적 책임을 함께 고민하는 독자라면 이 책을 읽어보길 바란다.

오늘날 우리는 기후라는 주제를 이야기할 때 불안과 공포에 휘둘리기 쉽다. 그러나 『기후정음』은 그러한 시대에 위대한 지구를 바라보는 담대한 용기를 제공한다. 이는 단순히 기후 문제에 대한 대안적 설명이 아니라, 과학을 대하는 태도에 대한 성찰이다. 독자는 이 책을 통해 기후과학의 본질을 배우는 동시에, 과학적 사고가 무엇이며 오늘날 혼탁한 사회 속에서 그것을 어떻게 지켜야 하는지를 되새기게 될 것이다.

끝으로 저자의 남다른 용기와 뛰어난 지력 그리고 그동안 노력을 치하하며, 이 책이 어린 청소년에서부터 일반인, 나아가 잘못된 기후 지식에 함몰되어 선동을 일삼는 이들까지 널리 읽히길 바란다. 아울러 저자의 앞날에 무궁한 발전이 있길 기원한다.

세계기후지성인재단 〈클린텔〉 한국 대사 박 석 순

Climate Intelligence

세종대왕의 훈민정음과 21세기 기후정음

"백성들이 자기 뜻을 말하고 싶어도 나라의 말이 한자와 달라 제 뜻을 능히 펴지 못하는 사람이 많으니라. 그리하여 내가 새로 스물여덟 자를 만들었으니 사람마다 하여금 쉬이 익혀 날로 쓰는 데 편하게 하고자 할 따름이니라."

세종대왕님은 누구나 쉽게 읽고 쓸 수 있는 글자, 바로 '훈민정음'을 만드셨어요! 백성들이 억울한 일을 당하지 않고, 자기 생각을 똑바로 말하고 쉽게 쓰며 살아가도록 하기 위해서였어요.

그런데 말이에요, 오늘날에도 이런 억울한 일이 또 생기고 있다면 어떨까요?

기후과학을 일부러 어렵고 복잡하게 만든 사람들 때문에 우리의 돈이 낭비되고, 우리도 모르는 사이, 지구 기후에 관해 우리에게 억울한 일이 많이 일어나고 있어요.

그래서 누구나 기후과학을 쉽게 읽고 올바르게 이해할 수 있는 책, 바로 '기후정음'을 만들었어요.

정보는 넘치는데, 왜 더 헷갈릴까요?

지금 우리는 '정보의 홍수 시대'에 살고 있어요. TV, 유튜브, 인터넷에서 온갖 정보들이 쏟아져 나오죠. 사람들은 이걸 보고 듣고, 다양한 생각을 공유해요. 그런데 이해하기 어려운 정보는 어떤가요? 누가 맞는지 잘 모르겠지요?

그래서 우리는 이른바 '전문가'라고 불리는 사람들이 하는 말을 듣고 "당연히 맞는 말이겠지!" 하고 마치 새로운 지식인 것처럼 그대로 받아들이곤 해요.

하지만 잠깐! 여기서 중요한 점이 있어요. 문학이나 그림 같은 예술은 다양한 관점과 생각을 듣고, 나만의 생각을 더해도 문제없어요. 하지만 과학은 달라요.

과학은 느낌이 아니라 '사실'을 봐야 해요.

과학은, 누가 말했는지보다 무엇이 실제로 일어났는지가 중요해요. 과학은 데이터가 보여주는 사실을 보고, 실험을 해보고, 결과를 확인해야 해요. 왜냐하면 과학은 모든 만물에 똑같이 적용되기 때문이에요.

하지만 요즘엔 이상한 일들이 생기고 있어요. 개인의 견해가 들어가고 돈의 논리가 끼어들면서 돈을 벌려는 사람들, 특별한 목적을 가진 단체들이 자기에게 유리한 방향으로 과학을 바꿔 말하고 있어요.

진짜 원인보다 자기들의 목적을 먼저 정해놓고, 그것에 맞게 '과학인 척'하는 정보들을 만들어낸다는 거예요.

우리는 이런 사람들이 제공하는 거짓 정보를 합당하게 검증하지 않고, 마치 우리 삶의 '정답'인 것처럼 받아들이는 경우가 많아요.

얼마나 똑똑한지는 중요하지 않아요.

1965년 노벨물리학상 수상자, 리처드 파인만(Richard P. Feynman) 박사님은 이렇게 말했어요.

> "실험과 일치하지 않으면 틀린 것입니다. 이 간단한 문장에 과학의 핵심이 담겨 있답니다. 여러분이 얼마나 똑똑한지, 누가 추측했는지, 그리고 추측이 얼마나 아름다운지는 중요하지 않습니다. 아무리 똑똑해도, 아무리 대단해도, 실험과 다르면 그건 틀린 것이지요. 그게 과학입니다."

이 말 정말 멋지지 않나요? 아무리 똑똑한 사람이어도, 아무리 아름다운 이론이라도, 실험 결과와 맞지 않으면 그건 과학이 아닌 거예요.

기후는 원래 이미 아주 오래전부터 변해왔어요.

지구의 기후는 오랜 시간 계속 변해왔어요. 추웠다가 따뜻해지고, 또 추워지고… 이건 자연의 순리예요. 지구는 원래 그런 식으로 살아가고 있어요.

우리 사람은 그 자연 속에서 살아가는 것이지, 자연과 기후를 마음대로 바꾸거나 이 변화를 멈출 수 없답니다.

1998년 노벨물리학상 수상자, 로버트 러플린(Robert Laughlin) 교수님은 이렇게 말했어요.

"그냥 가만히 두세요, 기후는 인간의 통제 능력 밖입니다. 인간은 기후변화에 어떤 일도 할 수 없고 해서도 안 됩니다."

거대한 우주와 대자연의 힘이 지배하는 기후는 인간의 영역 밖이에요. 하지만 어떤 사람들은, 기후가 변하는 게 마치 인간이 만든 큰 재앙인 것처럼 꾸며서 말해요! 이산화탄소가 지구를 병들게 한다며 나쁜 괴물인 것처럼 몰아세워요.

과연 그럴까요?

이산화탄소는 괴물이 아니에요.

나무는 이산화탄소를 들이마시며 살아가요. 식물은 이산화탄소로 광합성 작용을 해서 자라고, 우리는 그 식물을 먹고 살아가요. 이 중요한 기체를 마치 나쁜 괴물인 것처럼 말하는 것은 진짜 자연의 법칙을 거꾸로 설명하고 있는 거예요.

그래서 이 책을 만들었어요!

세종대왕님은 백성들이 억울한 일을 당하지 않도록 돕기 위해 글자를 만드셨어요. 그처럼, 이 책은 복잡한 기후과학을 쉽게 이해하여 바른 지식을 갖도록 하고, 우리의 돈과 에너지가 억울하게 낭비되지 않도록 돕기 위해 만들어진 책이에요.

그동안 연구하면서 저의 개인적인 책임감과 과제들이 세상 속으로 묶여 나올 수 있도록 도와주신 세계기후지성인재단 〈클린텔〉 한국 대사 박석순 교수님께 감사드립니다.

그리고 저의 삶과 이 책의 의미와 가치에 응원과 지지로 웃음을 잃지 않고 기쁘게 받아들이신 부모님과 할머니의 몫으로 돌리고 싶습니다.

마지막으로 블루디자인, 하양인 출판사 임직원께 감사드립니다.

이제 우리 함께 알아봐요.

1. 기후는 왜 변할까요?

2. 과학은 왜 중요할까요?

3. 사람들은 왜 거짓말을 퍼트릴까요?

4. 우리는 무엇을 믿고 어떻게 판단해야 할까요?

자, 이제 진짜 기후과학의 세계로 함께 떠나볼까요?

우리가 직접 알아보고, 올바르게 판단하는 과학자가 되어볼 차례예요!

2025년 9월 14일

이동엽

트럼프 대통령의
Climate Hoax(기후 사기) 연설

도널드 트럼프 대통령은 2025년 1월 20일, 취임하자마자 파리기후협약에서 다시 탈퇴하겠다고 선언했어요. 기후위기라는 말이 사실과 다르다고 정면으로 반박한 거예요. 이건 사실 2017년, 첫 번째 대통령 임기 때 내렸던 탈퇴 결정을 다시 한번 재확인시킨 거예요. 그만큼 트럼프 대통령은 탄소중립의 허구성을 지적해왔어요. 이런 결정을 통해 국제사회가 다시 한번 눈을 뜨는 계기가 된 거예요.

이탈리아에서는 아주 중요한 결정이 나왔어요! 바로, 무분별한 태양광 난개발을 막고 농사짓는 땅에는 더 이상 태양광 패널을 설치하지 못하게 금지하겠다는 거예요. 이탈리아 농업부 장관 프란체스코 롤로브리지다는 말했어요.

"농지는 국민의 먹거리를 키우는 곳입니다. 여길 태양광으로 덮어버리면 안 돼요."

정말 단호하죠? 이 조치는 지금까지 '기후위기'라는 명분으로 농업을 망쳐온 유럽의 잘못된 녹색정책에 경고를 보내는 거예요. 아래는 트럼프 대통령의 연설 중 기후 사기 발언 내용입니다.

"So Obama is talking about all of this with the global warming and that and a lot of it's a hoax. It's a hoax. I mean it's a moneymaking industry. OK? It's a hoax. A lot of it. Look, I want clean air and want clean water. That's my global -- I want clean crystal water and I want clean air and we can do that, but we don't have to destroy our businesses.

We don't have to destroy it, OK? And by the way, China isn't abiding by anything. They're buying all of our coal. We can't use coal anymore, essentially. They're buying our coal and they're using it.

Now think of it. He talks about the carbon footprint and yet he'll fly a very old Air Force One, an old Boeing 747 with the old engines and you know spewing stuff. So he's got a problem with the carbon footprint. You can't use hairspray because hairspray is going to affect the ozone. I'm trying to figure out.

I love the universe. But think of it, so China is spewing up all this stuff and we're holding back. And with China, you know, we signed these agreements where we have to do it now, they have to do it within 30 or 35 years. I don't think they're going to be doing it."

"여러분, 오바마 대통령은 모든 것을 지구 온난화와 관련지어 이야기하고 있지만, 대부분 거짓투성이입니다. 말 그대로 사기입니다. 결국 돈벌이 수단이라는 것입니다. 기후위기의 거의 모든 이야기는 사기라는 말입니다. 사람들은 맑은 공기를 원하고 깨끗한 물을 원합니다. 그리고 우리 인류 문명은 굳이 경제를 스스로 무너뜨리지 않아도 이 모든 것을 이뤄낼 수 있는 기술과 능력이 충분합니다.

우리는 경제를 파괴할 필요가 없다는 것입니다, 아시겠죠? 중국은 아무것도 지키지 않고 있습니다. 그들은 우리의 석탄을 모두 사들이고 있습니다. 우리는 파리기후협약으로 인해 본질적으로 더 이상 석탄을 사용할 수 없습니다. 하지만 중국은 버젓이 우리 석탄을 사서 사용하고 있습니다.

여러분 생각해 보세요. 오바마는 탄소중립을 이야기하고 있으면서 정작 본인은 아주 오래된 에어 포스 원, 온갖 유해가스를 뿜어내는 오래된 엔진이 장착된 보잉747기를 타고 전 세계를 누비고 다니고 있습니다. 그렇게 탄소배출에 문제가 많은 사람입니다. 그런데 헤어스프레이는 오존에 영향을 미치기 때문에 사람들이 헤어스프레이조차도 사용하면 안 된다고 하네요? 이게 말이 됩니까?

저는 우리 지구를 사랑해요. 하지만, 중국은 이 모든 유해가스를 마음 껏 뿜어내고 있는데 우리는 그저 눈치만 보고 있습니다. 우리는 지금 당장 탄소배출을 감축해야 하고 중국은 30년 또는 35년 안에 감축하면 된다는 파리기후협약을 체결했습니다. 하지만 중국이 전혀 그렇게 할 것 같지 않아 보입니다."

2015년 12월 30일 사우스캐롤라이나 힐튼 호텔에서

도널드 트럼프

기후과학의 놀라움!
대자연의 위대함!

여러분, 혹시 알고 있었나요? 지구가 생긴 이후로 날씨와 기온은 계속 바뀌어왔어요. 아주아주 오래전에는 지구 기온이 높아서 남극과 북극에는 빙하가 없었던 시기도 있었어요. 그리고 놀랍게도, 지금 우리는 지구의 기후 역사에서 추운 시기에 살고 있답니다. 이렇게 지구의 기후는 항상 변해 왔고, 앞으로도 변할 거예요. 여기서 우리가 생각해볼 두 가지 질문이 있어요.

첫 번째 질문.

19세기, 산업혁명이 시작된 이후 지구의 기후는 얼마나 변했을까요? 그때부터 공장도 많이 생기고, 차도 달리고, 사람들이 더 많은 일을 하게 되었어요. 그러면 인간의 이산화탄소 배출량이 훨씬 적었던 중세시대 때와 비교했을 때 기온이 얼마나 달라졌을지 궁금하지 않나요?

두 번째 질문.

그 변화는 과연 사람들 때문일까요, 아니면 자연은 원래부터 그렇게 변화하는 걸까요? 태양, 바다, 바람, 화산 같은 자연의 힘 때문일 수도 있고, 아니면 사람들이 공장을 돌리고 차를 많이 타서 그런 걸

수도 있겠죠.

수많은 나라들이 기후 문제를 연구하고 관리하는 데 엄청난 돈을 쓰고 있어요. 정말 어마어마한 돈, 수백조 원이나요. 그런데도 이 문제는 아직도 과학적으로 딱! 하고 증명된 게 없대요.

그럼에도 불구하고, 우리 가족, 어른들, 그리고 많은 사람들이 '지구를 구하자' 라는 이유로 쓸데없이 비싼 돈을 내고 있는 것일지도 몰라요. 우리가 내뿜은 이산화탄소는 기후변화에 큰 영향을 주는지 아직 확실하게 증명된 게 아니라면 우리 돈이 낭비되는 게 아닐까요?

과학은 단순히 '믿음'으로 작동하지 않아요.

혹시 과학이 어떻게 작동하는지 알고 있나요? 과학은 "그럴 거야." 하고 믿는 게 아니에요. 그리고 과학자는 신 같은 특별한 존재도 아니에요. 과학은 반드시 이론과 데이터가 있어야 하고, 그것이 없으면 잘못된 결론이 나올 수 있답니다.

진정한 과학자라면 자신이 틀렸다는 걸 알게 되었을 때 솔직하게 "내가 틀렸다."라고 인정할 줄 알아야 해요. 하지만 지금 우리가 보고 있는 기후과학 세상은 좀 이상해요. 진짜 과학의 모습과는 거꾸로 가고 있거든요.

정말 이산화탄소가 문제일까?

언론은 기후과학자들의 말을 인용하여 사람들이 내뿜는 이산화탄소 때문에 지구가 더워지고 있다고 보도해요. 그런데 그걸 확실하게 증명한 과학적 증거는 없어요.

자, 쉽게 설명해볼게요.

이산화탄소는 공기 중 0.04%에 불과한 초미량 가스예요. 그리고 전 세계 사람들의 화석연료 사용으로 증가하는 이산화탄소량은 10년에 약 10만분의 1 정도의 극소량밖에 안 돼요.

이처럼 초미량 가스인 이산화탄소가 아주 극소량씩 증가한다고 지구 전체 기후를 바꾼다? 이건 누구라도 고개를 갸웃거리게 되는 질문이에요.

그렇다면 우리는 기후과학에 대해 무조건 믿는 것이 아니라, 과학적인 사실을 정확하게 확인해보아야 하지 않을까요?

자, 이제 문제를 풀어볼까요? 잘 기억하고 있다면 척척 맞힐 수 있어요!

Q1 기후변화가 인간 활동 때문일까요? 자연현상일까요?

　　① 인간 활동 때문임이 과학적으로 증명되었다

　　　과거부터 지구의 기후는 자연현상으로 변해왔다.

Q2 과학은 무엇을 따라야 할까요?

　　이론과 데이터　　　② 믿음　　　③ 다수결의 원칙

Q3 공기 속에 있는 이산화탄소(CO_2)의 양은 어느 정도일까요?

　　① 절반　　　　　　0.04%에 불과한 초미량 가스

　　③ 전부 다

　　풀어보셨나요?

　　책 중간 중간 재미있는 퀴즈타임이 있어요.

　　기후과학을 이해하는 데 도움이 되었으면 좋겠어요.

　　퀴즈 정답은 되돌아가서 다시 읽으며 꼭 확인해보세요!

차례

01 | 이산화탄소가 지구의 생명을 살리고 있는데, 탄소중립을 하는 게 맞을까요?

이산화탄소가
지구의 생명을 살리고 있는데,
탄소중립을 하는 게 맞을까요?

지구 대기에서 가장 강력한 온실가스는 무엇일까요?

가장 강력한 온실가스가 무엇인지 과학적으로 밝혀졌어요.

혹시 대기 중 온실가스에는 어떤 것이 있는지, 그리고 비율이 어떻게 되는지 들어본 적 있나요?

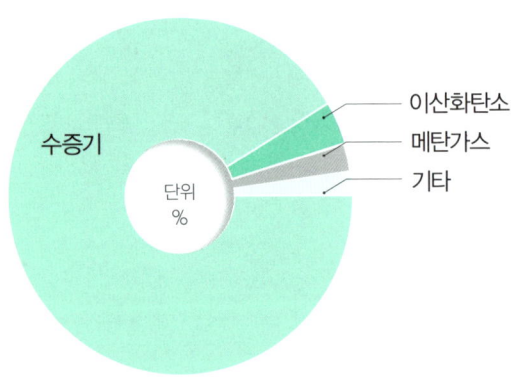

〈그림 1〉 대기 중 온실가스 비율

사실, 이산화탄소는 온실효과가 크지 않아요!

정말 강력한 온실가스는 따로 있어요.

주인공은 바로 수증기!

공기 중에 수증기는 대기를 따뜻하게 만드는 힘이 이산화탄소보다 70~100배나 강력하다고 해요! 게다가 실제로 대기 속에서 차지하는 양도 훨씬 많아서, 온실효과의 대부분을 차지하는 핵심 기체로 꼽히기도 합니다. 그런데 왜 사람들은 수증기의 온실효과에 대한 이야기는 하지 않고, 탄소중립만 외치는 걸까요?

이산화탄소량과 기온이 같이 올라가면 무조건 이산화탄소 때문일까?

혹시 이산화탄소가 늘어나면 지구 기온이 올라간다고 생각하나요? 꼭 그렇다고 단정 지을 수 있는 건 아니에요. 이산화탄소가 늘어나서 기온이 오를 수도 있고, 반대로 기온이 올라서 이산화탄소가 늘어날 수도 있기 때문이에요. 아니면 둘 다 다른 이유 때문에 같이 움직이는 것일 수도 있고, 혹은 그냥 우연히 같이 움직였을 수도 있어요.

이걸 더 과학적으로 설명하면 "상관관계가 있다고 해서 반드시 원인이라고 할 수는 없다, 혹은 그것이 곧 인과관계를 증명하는 것은 아니다."라고 표현할 수 있어요.

과학적 데이터는 뭐라고 나타낼까?

만약 이산화탄소가 정말로 지구의 기온을 올린다면, 이걸 반복 실험으로 확인 및 재현을 해야 해요. 하지만 우리는 지구 전체의 기후에 영향을 미치는 모든 요인을 마음대로 조절할 수 없어서 이걸 증명하기가 정말 어려워요.

만약 수천 년 동안 이산화탄소와 기온의 기록이 있어서 언제나 이산화탄소량이 먼저 늘고, 그다음에 기온이 올라간다는 걸 보여준다면 이산화탄소가 원인이라고 말할 수 있을 거예요. 그런데 실제 기록은 그렇지 않아요.

남극과 그린란드 빙하 속 이야기

남극과 그린란드 빙하에는 아주 오래전부터 쌓인 두꺼운 얼음이 있어요. 그 얼음 속에는 과거의 공기가 작은 방울로 갇혀 있죠. 과학자들은 얼음을 뚫어 그 공기방울을 조사해요. 그러면 약 90만 년 동안 지구의 기온과 공기 속 이산화탄소가 어떻게 변했는지 알 수 있어요.

과학자들이 조사해봤더니 기온이 떨어지고 나서 몇천 년 뒤에 이산화탄소가 줄어드는 시기도 발견했어요. 그러니까 기온이 먼저 변하고 이산화탄소는 나중에 변하는 거죠!

또 한 가지 재미있는 사실은 1940년대에는 공장에서 이산화탄소가 많이 늘어났는데, 지구 기온은 오히려 내려갔었다는 거예요. 이걸 보면 기후는 훨씬 더 복잡하고 이산화탄소 하나만으로 설명하기 어렵다는 것을 알 수 있어요.

- 수증기가 가장 강력한 온실가스!
- 이산화탄소량과 기온이 같이 올라가도 누가 먼저인지 확인해야 해요.
- 과거 기록을 보면 기온이 먼저 움직이고 이산화탄소량이 뒤따라 움직인 시기도 있었어요.
- 그러니 이산화탄소가 기온을 올렸다는 증거는 아직 없어요.

바다는 땅보다 천천히 따뜻해지고, 천천히 식어요. 이것을 과학에서는 "바다가 땅보다 비열이 더 높다"라고 표현하기도 해요.

여기서 '비열(比熱)'이란, 어떤 물질의 온도를 1도 올리기 위해 필요한 에너지의 양을 말해요.

예를 들어 볼까요? 같은 양의 물과 쇠를 나란히 놓고 똑같이 열을 가하면, 쇠는 금방 뜨거워지지만 물은 천천히 데워져요. 왜냐하면 물의 비열이 더 크기 때문이에요! 즉, 물은 온도를 올리려면 육지의 온도를 올리는 것보다 더 많은 에너지가 필요하다는 뜻이에요. 그래서 바닷물은 쉽게 데워지거나 차가워지지 않고, 지구의 온도를 부드

럽게 조절해 주는 자연의 큰 에어컨 같은 역할을 해요.

옛날 지구와 지금 지구, 어느 때가 더 더웠을까요?

1만 년 전 지구는 지금보다 더 따뜻했어요. 과학자들이 그린란드 얼음 속 빙핵 공기방울을 조사해보니, 지난 1만 년 동안 지구는 대부분 지금보다 더 따뜻했어요. 260만 년 전에는 북극해에 얼음이 거의 없었죠. 물론 그때는 공장도 자동차도 없었는데 왜 그랬을까요? 지난 500년 동안에도 지구는 20번이나 따뜻해졌다가 추워졌다를 반복했어요. 이것은 지구의 자연스러운 변화랍니다.

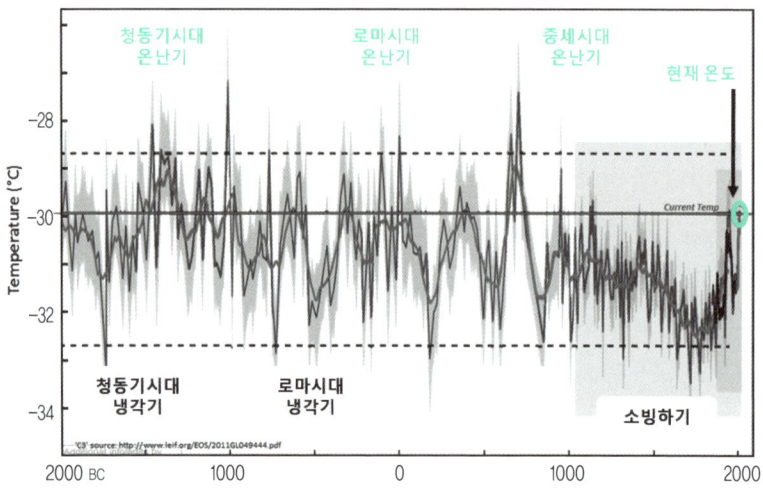

〈그림 2〉 기원전 2000년부터 지금까지 약 4000년간의 그린란드 평균기온 기록

혹시 중세시대와 산업혁명 이후 중에 이산화탄소를 더 많이 내뿜었던 시기가 언제일까요? 맞아요. 산업혁명 이후부터 지금까지 배출된 이산화탄소량이 훨씬 더 많아요! 그런데 놀라운 사실은, 로마시대와 중세시대 시절에 지금보다 지구가 더 뜨거웠다는 거예요.

위 〈그림 2〉 그래프를 보면 알 수 있어요. 기록으로 남은 역사 중에 기원전 250년부터 서기 400년까지 지구는 오랫동안 지금보다 더 따뜻했어요. 이 시기를 로마시대 온난기 그리고 중세시대 온난기라고 불러요.

중세시대에는 지금보다 이산화탄소가 훨씬 적었는데도, 지금보다 더 따뜻했어요.

결국, 지구의 온도는 우리 인간이 배출한 이산화탄소와는 직접적인 관계가 없다고 봐야 하지 않을까요?

지구 온도 변화는 우리 인간이 배출한 이산화탄소 때문이 아니랍니다! 과연 우리 인간이 배출하는 이산화탄소가 지구 기후를 변화시킬 수 있는 게 맞는지 바로 다음 장에서 더 자세한 정보를 확인해볼게요.

1. 이산화탄소 배출량이 더 적었던 옛날, 지금보다 더 따뜻했던 지구!

2. 빙핵으로 수십만 년 전 기온과 공기 속 이산화탄소량을 알 수 있어요.

3. 기온이 변하고 수백 년 뒤에 이산화탄소량이 변했어요.

4. 바다는 육지보다 250배 무겁고, 비열이 커서 쉽게 덥거나 식지 않아요.

5. 지구의 표면의 70%를 차지하는 바다는 이산화탄소를 수온에 따라 흡수하고 방출해요.

6. 중세시대 온난기, 로마시대 온난기 등은 지금보다 지구가 더 더웠던 시기였어요.

7. 이 시기에는 지금보다 이산화탄소 농도가 훨씬 낮았어요.

퀴즈타임!

Q1 가장 강력한 온실효과가 있는 온실가스는 무엇일까요?

　① 이산화탄소(CO_2)　　② 수증기　　③ 산소

Q2 남극대륙 빙하의 공기방울을 조사해보니 어떤 결과가 나왔을까요?

　① 이산화탄소(CO_2)량이 먼저 늘고 기온이 나중에 올랐다.

　② 기온이 먼저 오르고 이산화탄소(CO_2)량이 나중에 올라갔다.

　③ 둘이 동시에 변했다.

Q3 인간의 이산화탄소(CO_2) 배출이 더 적었던 로마시대의 지구는 지금보다 어땠을까요?

　① 더 따뜻했다.　　② 더 추웠다.　　③ 똑같았다.

Q4 바닷물이 쉽게 더워지지 않는 이유는 무엇일까요?

　① 바닷물이 얇아서　　② 바람이 많이 불어서

　③ 바다에는 비열이 높은 물이 엄청나게 많이 있기 때문에

우리가 배출한 이산화탄소는 지구 공기 전체의 겨우 0.001%밖에 안 돼요. (10만 조각 중 겨우 1조각!)

지구 공기 속 이산화탄소, 얼마나 될까요?

우리가 흔히 "지구가 아파요"라는 말을 들을 때, 가장 자주 나오는 말이 바로 '이산화탄소'예요. 많은 사람들이 "인간이 내뿜는 이산화탄소 때문에 지구가 뜨거워져요"라고 말하죠.

그런데 정말 그럴까요? 우리가 내보내는 이산화탄소가 지구에 그렇게 큰 영향을 주는 걸까요?

첫째, 온실가스는 지구 공기에서 아주 극히 조금이에요.

지구 대기에는 다양한 기체가 섞여 있어요. 대부분은 질소와 산소이고, 아르곤, 수증기, 이산화탄소 등 여러 가지 공기들이 모여 있죠. 이 중에서 지구를 따뜻하게 유지시켜 주는 온실가스는 전체 공기 중에서 약 1%밖에 안 돼요. 생각보다 정말 적죠?

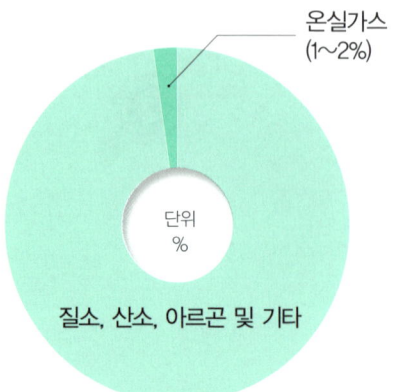

온실가스
(1~2%)

단위
%

질소, 산소, 아르곤 및 기타

〈그림 3〉 지구 대기에서 온실가스가 차지하는 비율은 2%를 넘지 않아요.

둘째, 이 온실가스 중 이산화탄소량은 또 아주 적어요.

그 1% 온실가스 중에서도 이산화탄소는 약 4%밖에 안 돼요. 즉, 지구 전체 공기 중에서 이산화탄소는 0.04% 정도만 들어 있는 셈이에요. 정말 적은 양이죠?

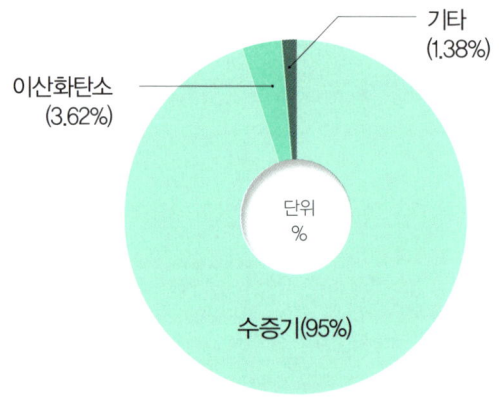

기타
(1.38%)

이산화탄소
(3.62%)

단위
%

수증기(95%)

〈그림 4〉 이산화탄소는 대기 중 온실가스 중 겨우 3.62% 만을 차지합니다.
나머지 95%는 수증기입니다.

셋째, 인간이 만드는 이산화탄소는 더더욱 적어요.

우리가 자동차를 타거나, 공장을 돌리거나, 전기를 쓸 때 이산화탄소가 나와요. 그런데 이건 이산화탄소 전체 중에서도 약 3.4%밖에 안 된답니다.

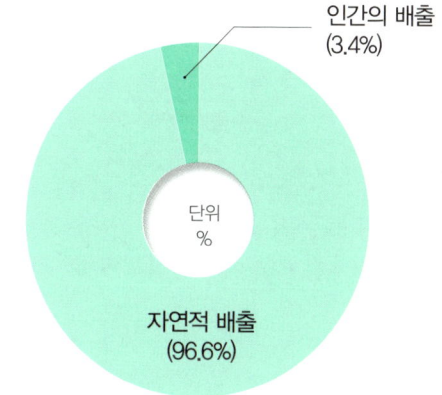

인간의 배출
(3.4%)

단위
%

자연적 배출
(96.6%)

〈그림 5〉 인류가 매년 배출하는 이산화탄소는 전체 이산화탄소 배출량의
약 3.4%에 불과해요. 나머지 거의 모든 이산화탄소는 해양, 화산, 식물, 동물 등
자연적 활동을 통해 발생해요.

쉽게 말하면, 지구 공기 전체 중에서 사람이 만들어내는 이산화탄소는 단 0.001%밖에 되지 않아요. 10만분의 1, 노트 한 권에 점 하나 찍는 것보다 더 적을지도 몰라요! 그럼 나머지 이산화탄소는 사람이 만든 게 아니라면, 어디서 나올까요?

그건 바로 식물과 나무가 숨 쉴 때, 낙엽이나 동물의 몸이 썩을 때, 바닷속에서 기체가 올라올 때 자연스럽게 생기는 거예요.

이렇게 생긴 이산화탄소가 전체의 약 96.6%나 되는 거죠.

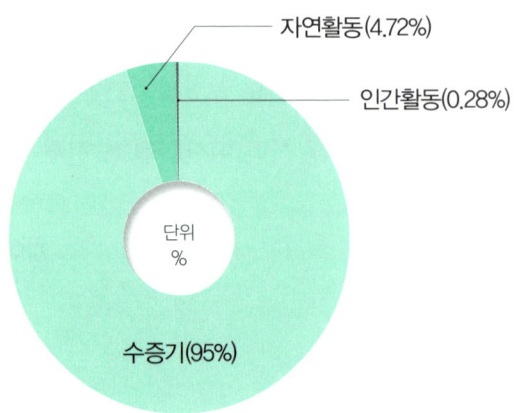

자연활동(4.72%)

인간활동(0.28%)

단위
%

수증기(95%)

〈그림 6〉 인류가 전체 온실효과에 기여하는 비율은 0.28%에 불과합니다.
나머지는 수증기 영향과 자연에서 발생하는 현상입니다.

결론은?

우리 인간이 배출한 이산화탄소가 지구 전체 온실효과에 기여하는 비율은 0.28%에 불과해요! 물론 적다고 해서 전혀 신경 안 써도 된다는 뜻은 아니에요. 하지만 우리가 얼마나 많은 것들을 '사람 탓'으로만 돌리고 있는지, 한 번쯤은 생각해봐야 하지 않을까요?

과학은 사실을 정확히 아는 것에서 시작해요. 적은 숫자 안에 숨겨진 진실, 우리 함께 더 자세히 알아봐요!

그렇다면 우리가 모두 경제활동을 전부 멈추면 지구는 시원해질까요?

환경운동가들은 탄소중립을 외치면서, 인간의 경제활동을 줄여야 한다고 말해요. 그런데 정말 우리가 모든 활동을 멈추면, 지구는 달라질까요?

사실은 그렇지 않아요. 인간이 아무것도 안 한다고 해도, 지구 대기 중 이산화탄소 농도는 거의 변화가 없을 거예요.

왜냐하면 우리가 만들어내는 양 자체가 워낙 적기 때문이에요.

인류가 나타나기도 전부터 지구는 엄청나게 더운 시기도 있었고, 꽁꽁 얼어붙은 빙하기도 여러 번 있었어요.

이건 인간 때문이 아니라, 태양의 활동, 지구를 덮고 있는 구름양의 변화, 지구 열의 거대한 저장고인 바다에서 일어나는 해류 등의 영향으로 변화해요. 즉, 지구의 온도는 자연스럽게 오르내리는 과정을 수없이 반복해왔다는 거예요.

세계적인 기후과학자 미국 MIT 대학교 리처드 린젠(Richard Lindzen) 교수님은 말했어요.

"이산화탄소가 지구의 기후를 조절한다고 믿는 것은 마술을 믿는 것과 유사합니다."

소중한 지구를 지키고 환경을 사랑하는 마음, 정말 멋지고 중요한 일이에요. 하지만 그런 마음이 사실과 다른 방향으로 흐르면, 오히려 잘못된 판단을 하게 만들 수도 있어요.

탄소중립이라는 이름 아래 과도한 규제나 불편함을 감수하라고만 할 게 아니라, 정확한 데이터를 바탕으로 한 과학적인 논의가 먼저여야 해요.

우리는 지금, 공포에 휘둘릴 게 아니라, 사실에 집중해야 할 때예요. 감정이 아닌 이성으로, 막연한 불안이 아닌 팩트로 이야기할 수 있어야 해요.

우리가 지구를 정확히 알아갈수록 더 잘 지킬 수 있어요. 진짜 환경 사랑은 겁주는 말이 아니라, 사실을 바탕으로 올바른 선택을 하는 것이라고 생각해요.

우리가 만들어내는 이산화탄소, 실제로 얼마나 되는지 아는 것부터 시작해보면 어떨까요?

수증기, 곧 '구름'이 진짜 주인공이에요!

지구 온도에 가장 큰 영향을 주는 온실가스는 수증기예요. 하늘에 떠 있는 구름이 바로 그 수증기죠.

수증기는 햇빛을 가두는 힘이 아주 커서 지구를 따뜻하게 만드는 데 가장 큰 역할을 해요.

그에 비해 이산화탄소나 메탄, 아산화질소 같은 기체들은 공기 중에 너무 적게 존재해서 영향력이 거의 없어요.

〈그림 7〉은 온실가스들이 지구 기후에 얼마나 영향을 미치는지를 보여주는 자료예요. 어떤 기체가 온실효과에 가장 큰 역할을 하는지 금방 알 수 있어요.

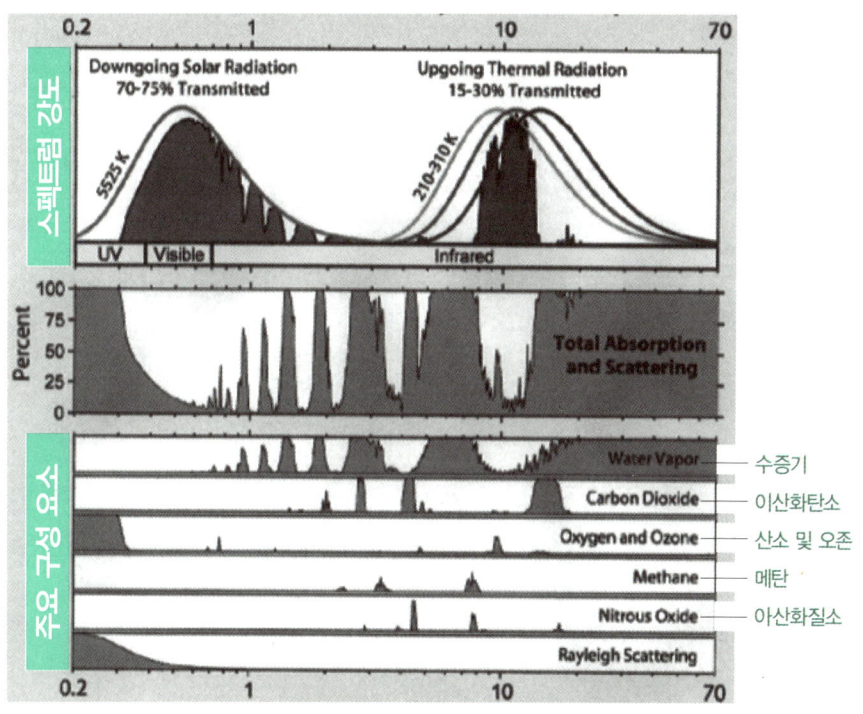

〈그림 7〉 기체별 대기에 의해 전달되는 방사선량 비교 그래프

주인공은 '수증기' 랍니다.

과거에는 과학계에서 이산화탄소가 주목받지 않았어요.

사실 이산화탄소가 모든 문제의 중심처럼 여겨진 건 최근의 일이에요. 1990년대까지만 해도, 과학계에서는 "대기 중 이산화탄소가 기후에 미치는 영향은 크지 않다", "그보다 훨씬 더 큰 영향을 주는 건 바로 수증기, 즉 구름이다"라는 게 일반적인 인식이었어요.

이산화탄소나 메탄, 아산화질소 같은 다른 온실가스들도 물론 역할은 해요. 하지만 그건 어디까지나 일부 적외선을 흡수하거나 반사하는 정도의 보조적인 작용에 가까워요. 그 자체만으로 지구의 기온을 크게 움직일 수는 없답니다.

과학적으로 보면, 기후 시스템은 매우 복잡한 퍼즐이에요. 그 수만 개의 퍼즐 조각 중 겨우 한 조각에 불과한 이산화탄소만을 문제 삼는 건 전체 그림을 놓친 채 한 부분만 확대해서 보는 것과 같아요.

수증기, 구름, 태양 활동량, 자연의 순환까지… 이 모든 요소를 함께 고려해야 진짜 '기후과학'이라고 할 수 있어요.

결국, 과학은 겉모습보다 본질을 보는 눈이 필요해요. 진실은 숫자와 관측, 그리고 균형 잡힌 시각 안에 숨어 있어요.

우리는 모두 그런 관점을 갖고 기후 문제를 바라볼 수 있었으면 좋겠어요.

1. 이산화탄소는 전체 온실가스 중 약 4% 수준이에요.

   인간이 만든 이산화탄소가 온실효과에 기여하는 비율은 0.28%에 불과해요.

2. 지구의 이산화탄소 대부분은 자연에서 나와요.

   바다, 식물, 썩는 유기물, 화산 활동 등에서 대부분 생성돼요.

3. 지구는 원래 주기적으로 더웠다 추웠다를 반복해왔어요.

   빙하기와 온난기를 반복했으며, 대부분 태양 활동의 변화가 주요 원인이에요.

4. 수증기가 가장 강력한 온실가스예요.

   수증기는 햇빛을 반사하거나 열을 가두는 기능이 있어서 지구 온도를 결정하는 데 큰 영향을 미쳐요.

5. 지구에는 구름이라는 온도 조절 장치가 있어요.

   지구 온도가 올라가면 많이 생겨 시원하게 하고 온도가 떨어지면 구름양이 줄어들어 온도를 다시 올려요.

6. 이산화탄소만 문제 삼는 건 과학적 균형을 잃은 접근이에요.

   실제로 기후에 영향을 주는 기체는 여러 가지이며, 이산화탄소 하나만을 악마화하는 것은 잘못되었어요!

과연 사람들이 만들어내는 이산화탄소는 얼마나 될까요?

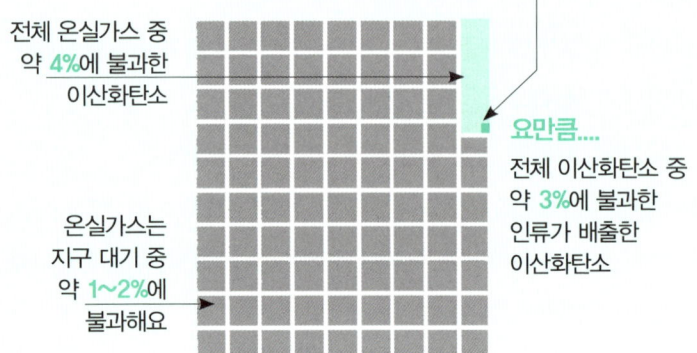

전체 온실가스 중
약 4%에 불과한
이산화탄소

요만큼....
전체 이산화탄소 중
약 3%에 불과한
인류가 배출한
이산화탄소

온실가스는
지구 대기 중
약 1~2%에
불과해요

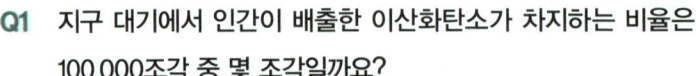

퀴즈타임!

Q1 지구 대기에서 인간이 배출한 이산화탄소가 차지하는 비율은 100,000조각 중 몇 조각일까요?

① 99,999조각　　② 1 조각　　③ 12,345 조각

Q2 가장 큰 온실효과를 만들어내는 기체는?

① 이산화탄소(CO₂)　　② 수증기　　③ 질소

Q3 다음 구름에 관한 설명 중 바른 것은?

① 항상 지구를 따뜻하게 한다.

② 항상 지구를 식힌다.

③ 밤낮을 달리하여 두 가지 역할을 한다.

지구 기온을 결정하는
진짜 주인공은 누구일까요?

사실 지구 기온 변화에 크게 영향을 주는 또 다른 요소는 바로 태양이에요!

네, 바로 우리가 매일 보는 그 밝고 뜨거운 태양, 맞아요!

태양은 마치 커다란 난로 같아요. 이 난로가 뜨거워지면 지구도 덥고, 이 난로가 식으면 지구도 추워지죠.

MIT 대학교 린젠(Lindzen) 교수님은 이렇게 말했어요.

"태양에서 보내는 에너지가 조금만 달라져도, 사람이 만든 온실가스보다
지구 온도가 훨씬 더 많이 바뀔 수 있습니다."

정말 놀랍죠?

태양은 옛날부터 지구의 기온을 바꾸는 데 큰 역할을 했어요. 많은 과학자들은 태양이 얼마나 활발하게 움직이는지 태양 주기를 살펴보고, 그 주기와 기온 변화가 어떻게 연결되는지 연구해왔어요.

스카페타(Scafetta)와 웨스트(West)라는 두 과학자는 1900년부터 2000년까지 100년 동안 지구가 따뜻해진 원인의 46~49%가 태양 때문이라는 것을 밝혀냈어요.

북극, 중국, 일본, 적도 부근의 여러 나라와 이 지역의 20세기 기온 기록도 태양 활동이 지구 온도에 큰 영향을 준다는 것을 보여주고 있어요.

중국의 기온 기록, 일본의 햇빛 시간 기록, 적도 주변의 날씨 기록까지 모두 살펴봤더니, 태양의 움직임이 활발할수록 지구가 더워졌고, 조용할수록 지구가 추워졌어요.

미국 우주항공국은 1997년 CERES(Clouds and the Earth's Radiant Energy System)라는 인공위성을 지구 상공 20km에 올려 구름의 변화와 태양의 움직임, 그리고 지구의 열 방출을 지금까지 관찰했어요. CERES 관측 자료를 이용하여 미국의 기후과학자 니콜로브(Nikolov)와 젤러(Zeller) 박사는 지난 2000년부터 지금까지 기온 상승은 구름에 의한 태양 복사에너지 반사율이 감소하였기 때문임을 밝혔어요. 지구 기온은 증가한 이산화탄소와 아무런 상관관계가 없음을 2024년에 학계에 알렸어요.

러시아 과학자의 흥미로운 발견

러시아 상트페테르부르크 천문대의 압두사마토프(Abdussamatov) 박사님은 아주 중요한 사실을 밝혀냈어요. 수십 년 동안 태양이 얼마나 높은 에너지양을 전달하는지 확인하는 연구 결과는 이랬어요.

"지구의 기온을 바꾸는 진짜 원인은 이산화탄소가 아니라, 태양이 보내는 에너지의 양입니다!"

압두사마토프 박사님은 남극의 보스톡 빙핵 아주 깊은 얼음을 뚫고 그 안에 있는 공기방울을 통해, 지구 온도와 이산화탄소 농도를 조사했어요.

그 결과, 지구가 따뜻해진 다음에 이산화탄소가 늘어났고, 지구가 다시 식은 뒤에야 이산화탄소도 줄었다는 사실을 알아냈어요.

이 주장은 영국 그리니치 왕립 천문대의 먼더(Maunder) 박사님이 1645년부터 1715년까지 연구한 내용과도 이어져요. 당시는 소빙하기였는데, 먼더 박사님은 평소에는 태양에 40,000~50,000개의 흑점이 보이는데, 이때는 50개밖에 없었다는 걸 발견했어요.

2020년, 압두사마토프 박사님은 〈어스 사이언스(Earth Science)〉라는 지구과학지에 논문을 발표했어요. 여기서 이렇게 주장했죠.

"태양은 지구에 가장 중요한 에너지원입니다. 태양에서 오는 에너지가 조금만 달라져도 지구 기온이 크게 변합니다."

태양 활동이 약해지면 구름이 많아지고 지구는 추워져요. 반대로 태양 활동이 강해지면 구름이 적어져서 지구가 따뜻해져요. 실제로 20세기 한 세기 동안 태양의 움직임은 굉장히 활발했어요. 그래서 지구가 따뜻해진 것도 이 영향이 컸던 거예요.

얼어붙은 시절, 태양이 잠들었을 때

태양이 조용해졌던 시기가 있었어요. 1600년대부터 1800년대까지 약 200년 동안, 지구는 '소빙하기'라고 불리는 추운 시기를 겪었답니다.

그때 태양은 거의 흑점을 만들지 않았어요. 과학자 먼더 박사는 그 시기를 연구해서 이렇게 말했어요.

"태양의 활동량(흑점)이 거의 사라졌던 그 시기에 지구는 아주 추웠습니다. 왜냐하면 태양 활동이 약해지면 지구엔 구름이 많아지고, 그 구름이 햇빛을 가려서 더 추워지기 때문입니다. 반대로 태양 활동이 강해지면 구름이 줄고, 햇빛이 더 많아져서 지구는 따뜻해집니다."

지구를 따뜻하게 만들고 식게 하는 힘은?

그건 바로, 태양과 구름이에요!

물론 이산화탄소도 지구 기온에 영향을 줄 수 있어요. 하지만 지금까지의 많은 과학자 연구에 따르면, 태양과 구름의 힘이 훨씬 더 크고 중요하다는 걸 알 수 있어요.

1. 태양은 지구의 주요 에너지원이에요.

   태양이 보내는 열과 빛이 지구의 기온을 결정해요.

2. 태양의 에너지가 조금만 변해도, 지구 기온에 큰 영향을 줄 수 있어요.

3. 과학자들은 지난 100년 동안 지구 온난화 중 약 절반이 태양이 원인이라고
   밝혔어요.

4. 이산화탄소는 기온이 올라간 다음에 증가했어요. 즉, 원인이 아니라 결과일
   가능성이 있어요.

5. 과거 태양 활동이 약해졌던 시기(소빙하기)에는 지구도 매우 추워졌어요.

6. 태양이 활발하면 구름이 줄어들고 지구는 따뜻해지고, 태양이 조용하면 구름
   이 많아져 지구는 추워져요.

7. 그래서 결론은? 지구 기후를 움직이는 진짜 주인공은 태양이에요!

퀴즈타임!

Q1 지구를 가장 많이 따뜻하게 혹은 차갑게 만드는 건 무엇일까요?

　　① 자동차에서 나오는 이산화탄소

　　② 태양이 보내는 에너지　　　　　　　③ 바닷물

Q2 과학자들이 발견하기를, 지구가 따뜻해진 다음에 무엇이 늘어났을까요?

　　① 눈사람　　　　　② 이산화탄소

　　③ 아이스크림

Q3 태양이 조용해지면(활동이 줄어들면) 지구는 어떻게 될까요?

　　① 더워진다.　　　② 추워진다.

　　③ 공중 부양한다.

지구의 생명, 이산화탄소가 많아지면
식물이 무럭무럭 더 잘 자라요.

식물을 무럭무럭 자라게 하는 생명과 같은 이산화탄소!

이산화탄소는 지구를 살아 숨 쉬게 해주는 아주 소중한 친구랍니다. 우리가 매일 밥도 먹고, 과일도 먹고, 채소도 먹을 수 있는 건 다 식물 덕분이에요. 그런데 여러분, 식물이 잘 자라려면 식물에게는 무엇이 필요할까요?

햇빛, 물, 그리고 이산화탄소!

맞아요. 이산화탄소는 식물이 스스로 영양소를 만들기 위해 꼭 필요한 기체예요.

이걸 광합성 원료라고 해요. 광합성은 식물이 햇빛, 물, 그리고 이산화탄소를 이용해 영양소를 만들고, 산소를 내뿜는 놀라운 과정이

랍니다.

여기서 놀라운 사실 하나!

지구는 지금 전례 없는 푸른 변화가 일어나고 있어요.

바다에는 산호초가 늘어나고 있고, 육지에는 나무, 식량, 그리고 숲이 점점 많아지고 있어요.

이산화탄소가 많으면 식물은 더 많이 자라요!

공기 속 이산화탄소가 많아지면 식물은 광합성을 더 신나게 해요! 더 많은 산소와 탄수화물을 만들어내죠. 즉, 지구 생명체에게 더 많은 먹거리와 더 깨끗한 공기를 선물해줘요.

하지만 이런 중요한 사실은 사람들이 별로 이야기하지 않아요.

지구가 더 푸르게 변한 이유는?

〈그림 8〉처럼 위성사진을 보면, 지구가 예전보다 점점 더, 초록으로 푸르게 변한 것을 볼 수 있어요.

왜 그럴까요?

과학자들은 지난 35년 동안 지구의 이산화탄소가 늘어나면서 미국 대륙 2배 크기만큼 식물의 잎이 늘었다고 밝혔어요. 이건 호주 대륙을 두 번 초록으로 칠한 것과 같은 엄청난 변화예요.

50

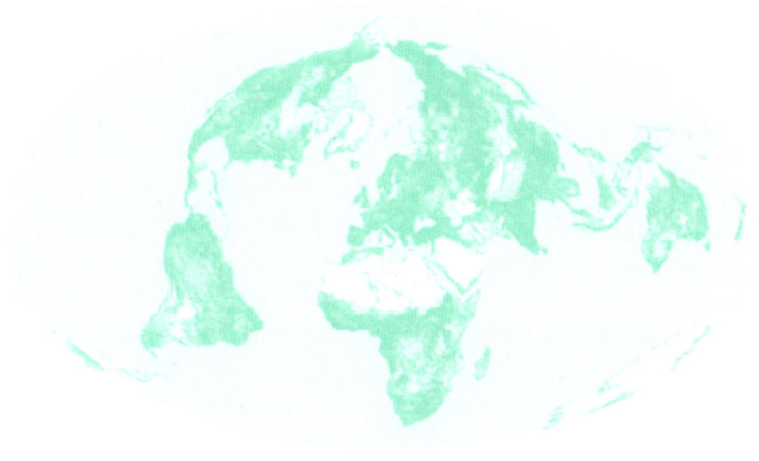

식물의 잎 면적이 늘어난 지역 (% 1982년~2015년)

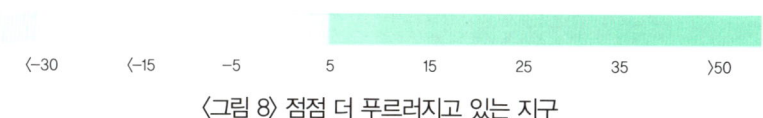

⟨-30   ⟨-15   -5   5   15   25   35   ⟩50

〈그림 8〉 점점 더 푸르러지고 있는 지구

  그 이유는 바로, 이산화탄소가 늘어났기 때문이에요! 이산화탄소가 많아지면 식물들은 더 빠르게 자라고, 뿌리와 기공으로 빠져나가는 물(증산)이 적어지기 때문에 낮은 토양 수분 함량에도 식물은 잘 자라게 돼요.

  과학적 원리는 이렇답니다.

식물의 기공이란 무엇일까요?

식물의 잎을 자세히 들여다보면 아주 작은 구멍들이 있어요. 그걸 "기공"이라고 해요. 기공은 식물이 이산화탄소를 들이마시고, 산소를 내보내는 통로예요.

하지만 기공이 열릴 때는 물도 함께 증발해서 빠져나가요. 그래서 식물은 너무 더운 날이나 건조한 날엔 기공을 닫아버리죠. 물을 아끼기 위해서요.

그런데 만약, 대기에 이산화탄소가 많아지면 식물은 기공을 오랫동안 열 필요가 없어요. 짧게 열어도 충분히 이산화탄소를 들이마실 수 있으니까요. 그렇게 되면 물도 덜 증발하고, 식물은 더 건강하게 자라게 돼요.

이산화탄소가 늘어나면?

식물은 더 빠르게 자라고 물도 효율적으로 덜 쓰고 더 많은 산소를 만들어내고 더 많은 이산화탄소도 흡수하게 돼요.

이렇게 식물이 더 많이 자라면, 우리 사람도 동물도 더 풍부한 식량을 얻을 수 있어요. 그래서 이산화탄소는 지구 생명에 꼭 필요한 친구랍니다.

먼 옛날 지구는 어땠을까요?

지질학적 역사에서 보면, 이산화탄소 농도와 지구 기온 사이에 뚜렷한 연관성을 찾을 수 없어요.

여기 흥미로운 그래프가 있어요.

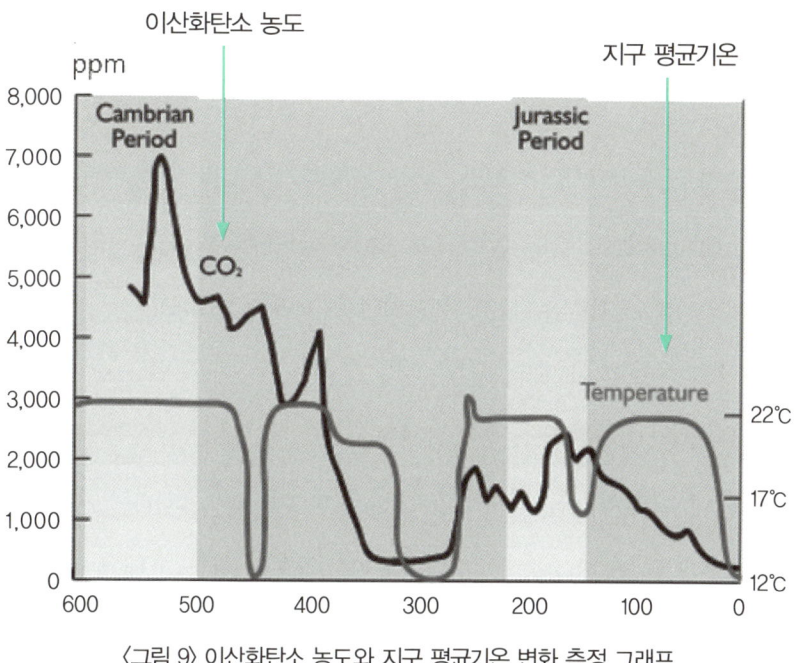

〈그림 9〉 이산화탄소 농도와 지구 평균기온 변화 측정 그래프

지구 대기의 이산화탄소 농도와 지구 기온을 보여주는 그래프예요. 놀라운 사실은, 4억 4천만 년 전 지구는 지금보다 훨씬 추웠지만, 그때 이산화탄소는 지금보다 무려 10배나 많았답니다!

53

이 말은, 이산화탄소가 많다고 지구가 더워지는 것이 아니란 뜻이에요. 지구 기온은 이산화탄소 말고도 태양, 바다, 구름, 바람 같은 여러 가지 다른 요인들이 함께 영향을 주는 거예요.

이산화탄소는 지구와 우리에게 결코 "해로운 기체가 아니에요." 식물을 잘 키우고, 지구를 푸르게 만들고, 우리 식탁을 풍성하게 해주는 중요한 선물 같은 존재랍니다.

이산화탄소가 너무 적으면, 지구 생명체가 오히려 위험해요.

이산화탄소는 식물이 살아가는 데 꼭 필요한 '먹이'예요. 그런데 여러분, 혹시 CO_2가 너무 적어지면 어떤 일이 벌어질까요?

정답은 식물이 다 죽게 돼요!

너무 낮은 이산화탄소는 위험해요.

식물이 살아가려면 최소 150ppm(ppm은 대기 속에 얼마나 많은 기체가 들어 있는지 농도를 나타내는 단위예요.)의 이산화탄소가 필요해요. 그런데 지구 역사에서 이산화탄소가 180ppm까지 떨어진 적도 있었어요.

정말 아찔한 순간이었어요. 단 30ppm만 더 줄어들었어도, 지구 상의 모든 식물이 성장을 멈추고 지구 생명체 전체가 위험에 빠질 뻔했어요! 이산화탄소는 단순한 공기 속 기체가 아니라 모든 생명체의 시작점이에요.

지구는 이산화탄소가 점점 줄어들어 위기에 처했었어요.

약 5억 5천만 년 전 캄브리아기에는 생명체가 폭발적으로 증가했는데, 당시 이산화탄소 농도는 지금보다 18배나 높았어요. 그리고 쥬라기 시대 당시 이산화탄소 농도는 현재보다 무려 9배에 달했어요.

기후과학자이자 그린피스의 창립자 중 한 명인 패트릭 무어(Patrick Moore) 박사는 이런 이야기를 했어요.

"지구 역사를 하루 24시간으로 본다면, 우리는 자정까지 단 38초를 남기고 이산화탄소 부족으로 인한 식물 및 생명체 종말을 간신히 피할 수 있었던 것입니다."

지구의 긴 역사 동안 대기 중 이산화탄소는 7,000ppm에서 180ppm까지 천천히 줄어들고 있었어요. 이대로 계속 갔다면 식물이 살아남을 수 없었겠죠?

지금의 이산화탄소 농도는 안전해요. 안심하세요!

지금 지구의 대기 이산화탄소 농도는 약 420ppm이에요. 이 정도 농도는 식물이 잘 자라기에 아주 좋은 수준이에요.

우리가 호흡할 때 나오는 날숨에는 약 40,000ppm의 이산화탄소가 들어 있어요. 만약 이산화탄소를 오염물질이라 하면 가족이나 친구에게 가까이 갈 수 없지 않을까요?

이산화탄소는 결코 해로운 물질이 아니랍니다.

이산화탄소 덕분에 식량이 더 많아졌어요.

이산화탄소가 많아지면 농작물이 잘 자라고 숲이 더 푸르러지고 동물들이 먹을 먹이도 많아지고 사람들은 더 작은 면적의 땅으로도 더 많은 식량을 재배할 수 있어요.

이산화탄소가 많아지면 식물들이 더 잘 자란다는 건 이제 잘 이해하셨죠? 그러면 우리도 더 많은 식량을 얻을 수 있다는 것도요.

따뜻한 기온은 농사에도 도움이 돼요

역사적으로 보면, 따뜻한 시기에는 풍년이 들고, 추운 시기에는 흉년이 들었어요.

요즘처럼 밤이 덜 춥고 겨울이 온화하면 농작물이 자랄 수 있는 시간이 더 길어져서 식량 생산량도 늘어나게 돼요.

실제로 식량이 늘었어요!

2015년, 유엔식량농업기구(FAO)는 이렇게 발표했어요.

"1990년대 이후, 전 세계에서 영양실조에 시달리는 사람 수가 2억 명 이상 줄었습니다."

개발도상국에서도 영양실조는 23.3% → 12.9%로 줄어들었어요.

이건 농작물이 더 많이 자라고 음식이 더 풍부해졌기 때문에 가능한 일이에요. 그 중심에는 바로 이산화탄소의 역할이 있었어요.

이산화탄소는 식물의 먹이다.

이산화탄소가 너무 적으면 식물이 죽는다.

이산화탄소가 많아지면 식량이 늘어난다.

이산화탄소는 우리 모두의 생명에 꼭 필요하다!

이산화탄소는 결코 "지구를 덥게 만드는 해로운 기체"가 아니에요! 지구 생명체의 숨겨진 영웅이에요! 그리고 지금 우리는, 딱 적절한 수준의 이산화탄소 농도 덕분에 식물도, 사람도, 동물도 모두 더욱 건강하게 살 수 있게 된 거랍니다.

"벌채"와 "산림 관리"는 달라요.

벌채는 숲을 영원히 없애는 것이지만, 산림 관리는 나무를 계속 심고, 키우고, 수확하는 것이에요.

농부가 밭을 가꾸듯, 임업가들은 숲을 가꿔요. 길도 고치고, 공장도 관리하듯이 숲도 돌보고 가꾸어야 건강하게 자랄 수 있어요.

태양광 패널보다 더 좋은 에너지 저장소이자, 자연이 만든 최고의 태양 에너지 저장소는 바로 "나무"예요.

햇빛을 받아 이산화탄소를 흡수하고, 에너지를 저장한 뒤 우리에게 나무라는 멋진 선물로 돌아온답니다.

이산화탄소의 온실효과는 농도가 증가할수록 점점 줄어들어요.

공기 속 이산화탄소가 늘어나면 대기는 태양 에너지를 더 조금씩만 흡수하게 돼요.

- 0에서 280ppm까지 늘어나면 대기 흡수력은 약 6.2% 증가해요.
- 그런데 280에서 407ppm까지 늘어나면 겨우 0.6% 정도밖에 안 늘어요.
- 이후 690ppm까지 늘어나도, 대기 흡수력은 고작 1.0% 증가에 불과하죠.

왜 그럴까요?

이산화탄소가 에너지를 흡수하는 '파장'이 너무 좁아서, 어느 정도 차면 더 이상 흡수할 수 없게 되기 때문이에요.

페인트칠처럼 생각해보세요!

과학자 윌 해퍼 박사님은 이렇게 설명해요.

"흰 벽에 처음 두 번 페인트를 칠하면 색이 확 달라집니다. 그런데 그다음 열 번을 더 칠해도 색은 거의 바뀌지 않아요. 그렇지요? 이산화탄소도 똑같습니다."

즉, 이산화탄소 농도가 늘어나도 어느 순간부터는 대기 흡수율이 급격히 떨어지게 되고, 더 이상 큰 영향이 없다는 이야기예요.

1. 이산화탄소는 식물이 자라기 위해 꼭 필요한 기체예요.

2. 식물은 이산화탄소를 흡수해 광합성을 하고 산소를 내보내요.

3. 이산화탄소가 많으면 식물이 물을 효율적으로 쓰고 더 잘 자라요.

4. 지구는 지금 더 푸르게 변하고 있어요. (산호초, 나무, 식량 증가)

5. 이산화탄소가 150ppm 이하로 떨어지면 식물은 살아갈 수 없어요.

6. 예전에 이산화탄소 농도가 지금보다 10배 높았던 시기도 있었어요.

7. 인간의 이산화탄소 배출 덕분에 식물은 멸종을 피할 수 있었어요.

8. 이산화탄소 증가로 농작물이 잘 자라고 숲도 더 푸르게 변했어요.

9. 식량이 늘어나면서 전 세계 기아도 점점 줄고 있어요.

10. 이산화탄소는 지구 생명을 지키는 고마운 존재예요.

11. 이산화탄소는 일정 농도 이상부터는 온난화 효과가 감소해요.

12. 페인트칠처럼 처음만 효과 있고, 그다음은 별로 티가 안 나는 것처럼요!

퀴즈타임!

Q1 이산화탄소가 많아지면 식물은 어떻게 될까요?

① 기공을 짧게 열어도 이산화탄소를 잘 흡수하게 되어 더 잘 자란다.

② 기운이 없어져 죽는다.

③ 움직이기 시작한다.

Q2 해퍼 박사님은 이산화탄소의 성질을 무엇에 비유했을까요?

① 아이스크림   ② 페인트칠   ③ 풍선

Q3 이산화탄소 농도가 너무 낮아지면 어떤 일이 벌어질까요?

① 식물이 더 건강해진다.

② 식물이 자라지 못하고 죽는다.

③ 동물들이 날아다닌다.

Q4 과학자들이 위성으로 확인한 바로, 지난 30년 동안 지구의 초록 식물 면적은 어떻게 변했을까요?

① 모든 지역의 식물이 죽었다.

② 미국 대륙 두 배 크기만큼 초록 식물 면적이 늘어났다.

③ 전 세계가 사막으로 변했다.

바닷물은 영원한 알칼리성이에요.
해양 산성화는 없으니 걱정 마세요.

여러분, 혹시 바닷물이 "산성"이 된다는 말을 들어본 적 있나요? 하지만 걱정할 필요 없어요. 진짜 과학을 알면, 바닷물은 산성에 가까워질 수 없다는 걸 알게 될 거예요.

과연 이산화탄소가 많다고 바다가 산성으로 변할까요?

절대 아니에요! 이산화탄소가 물과 만나면 약산성인 탄산이 생기긴 해요. 하지만 바닷물이 따뜻해지면, 그 이산화탄소는 다시 대기로 빠져나가요. 그러면 물속에 있는 이산화탄소와 탄산의 양이 줄어들게 되죠.

즉, 이산화탄소가 바다를 떠나면 바닷물은 더 산성이 되는 게 아니라, 오히려 덜 산성이 돼요.

바닷물은 산성이 아니라 알칼리성이에요.

산성은 pH 7.0보다 낮은 숫자 상태를 말해요.

바닷물은 보통 pH 7.5 ~ 8.3이에요.

그러니까 바닷물은 산성이 아니라 알칼리성이에요! 게다가 바다는 계속 움직이며, 차가운 물은 아래로 가라앉고 따뜻한 물은 위로 떠올라서 해류가 끊임없이 순환해요.

1. 바다가 따뜻해지면 이산화탄소는 공기 중으로 빠져나가요.

2. 이산화탄소가 줄면 바닷물은 오히려 덜 산성화돼요.

3. 바닷물은 pH 7.5~8.3으로, 산성이 아니라 알칼리성이에요.

퀴즈타임!

Q1 이산화탄소가 바다에서 대기로 빠져나가면 바닷물은 어떻게 될까요?

① 얼어버린다.　　　② 부글부글 끓는다.

③ 덜 산성, 즉 알칼리성에 더 가까워진다.

02

**멍청한 재생에너지,
정말 지구를 지키는 친구가 맞을까요?**

석유와 석탄은 워낙 풍부해서
앞으로 오랜 시간 고갈되지 않아요.

재생에너지에 대해 말하기 전에 화석연료에 관해서 이야기해볼 게요.

2021년 미국 바이든 정부는 석유나 천연가스를 뽑아 쓰는 걸 강하게 규제했어요. '키스톤 파이프라인'이라는 중요한 에너지 통로를 막았고, 석유 시추를 어렵게 만들었어요.

이유는 이랬어요.

"화석연료를 더 비싸게 만들자! 그러면 사람들이 재생에너지를 선택하게 될 것이다."

하지만 정말 그럴까요?

석유는 충분한데 왜 이렇게 비쌀까요?

2022년 6월, 석유 가격은 배럴당 122달러(한화로 약 18만 원)까지 치솟았어요. 그런데 재미있는 사실은, 실제로 석유는 전혀 부족하지 않다는 거예요!

지금까지 땅속에서 발견된 석유만 해도 14조 배럴이나 되는데요, 인류가 1859년부터 지금까지 쓴 석유는 겨우 1조 배럴 정도에 불과해요. 그럼 우리가 쓸 수 있는 석유가 아직도 13조 배럴이나 남아 있는데요?

게다가 석유 1 배럴을 퍼 올리는 비용은 고작 1달러(한화로 약 1500 원)도 안 든다고 해요. 그런데 왜 우리는 그 석유를 100달러(한화로 약 15만 원) 넘는 돈을 주고 사야 할까요?

석유는 자동차 연료만이 아니에요!

석유는 단순히 자동차에 넣는 연료만으로 생각하면 안 돼요. 우리의 삶 전반에 다 쓰여요. 예를 들면,

- 비료 (식량 생산에 필수)
- 비누, 세제
- 약
- 페인트

- 플라스틱, 고무, 섬유

- 폭약, 살충제

- 바닥재, 단열재

이런 중요한 자원을 일부러 줄인다면, 물가가 오르고, 경제가 흔들리며, 사람들의 삶이 힘들어져요.

독일을 비롯한 유럽 많은 나라가 후회 중?

독일을 비롯한 유럽 많은 나라가 과거에는 풍력, 태양광 같은 재생에너지에 기대를 걸었어요. "앞으로는 이게 대세야." 하며 오래전부터 대체 에너지 시설에 투자했죠. 그런데 요즘 그들은 다시 석유와 석탄발전소 그리고 원자력발전소를 찾고 있어요.

왜일까요? 지난겨울, 유럽은 바람이 거의 불지 않아서 풍력 발전이 제 역할을 못 했어요. 사람들은 겨울에 쓰려고 모아둔 천연가스를 미리 써야 했어요. 결국 전력 부족과 정전 공포 위험도가 커지면서, 유럽에 사는 사람들의 삶이 정말 힘들었어요.

잘못된 정보가 혼란을 만들었어요.

이런 뉴스들을 많이 보셨을 거예요. "재생에너지가 가장 싸다", "2035년까지 풍력과 태양광으로 다 바꾼다" 하지만 실제로는 그렇지 않아요.

2022년 7월, 런던 <파이낸셜 타임스>는 이렇게 보도했어요.

"유럽의 전기요금이 1년 사이에 4배 뛰었고, 역대 최고치를 기록했습니다."

유럽은 에너지 전력망을 대거 재생에너지로 전환하면서 전력난과 전기요금 폭등을 경험했어요.

한국도 같은 길을 걷는다면?

이렇게 재생에너지로 전환하는 에너지 정책으로 경제 위기를 겪은 나라들이 있어요. 그들은 우리에게 강력한 경고의 메시지를 보내고 있어요.

"절대로 우리처럼 되지 마!"

우리나라가 이 경고를 무시한다면 어떻게 될까요? 결국 똑같은 길을 걷게 될 거예요. 경제가 더 어려워지고, 사람들이 더 고통받는 일이 벌어질 수 있어요!

1. 에너지는 곧 국력이에요. 에너지원을 확보하는 나라가 국민과 재산을 지킬 수 있어요.

2. 석유는 부족하지 않아요! 지금까지 발견된 석유 매장량은 우리가 써온 양의 14배 이상이에요.

3. 석유는 생활 전반에 쓰이는 필수 자원이에요. 단지 자동차 연료만이 아니에요!

4. 풍력, 태양광 같은 재생에너지는 현실에서 기대만큼 제대로 작동하지 않아요. 실제로 유럽은 다시 화석연료로 돌아가고 있어요.

5. "재생에너지가 더 싸다"는 뉴스는 사실과 달라요. 2022년 EU 전기요금은 1년 사이 4배나 올랐어요.

6. 우리나라도 유럽처럼 될 수 있어요. 에너지 정책을 잘못 선택하면 경제 붕괴로 이어질 수 있어요.

퀴즈타임!

Q1 다음 석유로 만들어지지 않는 것은 무엇일까요?

① 플라스틱   ② 나무   ③ 고무

Q2 미국에서 석유 시추를 중단한 주요 이유는?

① 석유가 바닥났기 때문에

② 석유가 환경에 좋기 때문에

③ 화석연료를 비싸게 만들어 '재생에너지'를 선택할 수밖에 없게 만들기 위해

태양광으로 만든 전기는
정말 좋은 점만 있을까요?

여러분, 태양광 패널은 아주 맑은 날, 정오쯤, 하늘에 구름 한 점도 없고, 패널이 태양을 거의 정면으로 바라볼 때만 전력을 만들어낼 수 있어요.

하지만 현실은 항상 맑은 날만 있는 게 아니죠? 비가 오거나 흐린 날도 많고, 아침이나 저녁엔 햇빛도 약하고, 밤엔 아예 해가 없으니 당연히 전력 생산은 "0"이에요.

그래서 우리가 실제로 태양광 패널을 통해 평균적으로 얻는 전기는 최대 전력의 약 17%밖에 안 돼요.

게다가 시간이 지나면 태양광 패널도 수명을 다하고 효율이 점점 떨어져요.

태양광 발전소는 정말 큰 면적의 땅이 필요해요!

대도시가 사용하는 전기를 모두 태양광으로 만들려면 정말 어마어마하게 넓은 땅이 필요해요.

태양광 발전은 천연가스나 원자력보다 무려 400~800배 더 많은 땅을 써야 해요! 그래서 숲이나 들판을 밀어내고 설치해야 하는 경우도 많답니다. 자연을 지키려다 오히려 자연을 해치고 있는 셈이죠.

그래서 사막에 태양광 발전소를 만들어요.

왜일까요?

사막은 해가 쨍쨍 나고, 흐린 날이 별로 없으니까요.

하지만 또 다른 문제가 있어요.

① 태양광 장비는 작동할 때 물을 써요. 그런데 사막엔 물이 없어요.

② 사막은 사람들이 많이 사는 도시에서 멀리 떨어져 있어요. 그래서 전기를 멀리 보내려면 송전망에 긴 전선과 비싼 장비가 필요하고, 전기 자체도 보내는 중에 많이 날아가 없어져 버려요.

태양광 패널 수명이 끝나면?

태양광 패널은 약 25년 정도 쓰면 끝이에요. 그 이후엔 대부분 쓰레기가 돼요. 알루미늄 틀 빼고는 재활용도 거의 안 돼요.

이 많은 태양광 패널 쓰레기들은 결국 매립지로 보내져야 해요.

태양광에너지로는 도시를 못 돌려요.

물론 기술이 발전하면서 태양광 발전 비용도 조금씩 줄어들고 있어요. 하지만 중요한 건 대도시가 1년 365일, 하루 24시간 동안 안정적으로 쓸 만큼 전기를 태양광으로만 만들 수는 없어요.

해가 떠 있는 낮에도 날씨에 따라 달라지고, 밤에는 아예 전기가 나오지 않으니까요.

1. 태양광 에너지는 날씨와 시간에 따라 전기생산이 들쭉날쭉해요.

2. 넓은 땅이 필요해서 자연을 해칠 수 있어요.

3. 물이 부족한 사막에 설치하면 운영도 어렵고, 도시까지 전기를 보내는 데 많은 돈과 에너지가 들어요.

4. 전기요금이 오르고, 국민 세금 부담도 커져요.

5. 패널 수명이 끝나면 대부분 재활용이 안 되는 쓰레기가 돼요.

퀴즈타임!

Q1 태양광 발전에 필요한 땅의 크기는 천연가스 발전보다 몇 배 정도 더 클까요?

① 400-800배   ② 10배   ③ 2배

Q2 태양광 패널은 보통 몇 년 정도 사용하면 거의 다 폐기 처리해야 하나요?

① 1,000년   ② 10,000년   ③ 25년

태양광 패널에는 땅을 병들게 하는 독성물질이 들어 있어요.

햇빛으로 전기를 만든다고 하면 누구나 "깨끗한 에너지"라고 생각할 거예요. 연기나 매연도 안 나오고, 연료도 필요 없고, 심지어 소음도 없어요.

그런데 정말로 태양광 에너지는 좋은 점만 있을까요?

태양광 패널을 만들 때 생기는 문제들

태양광 에너지를 만들려면 '태양광 패널'이라는 판을 만들어야 해요. 이 판은 "폴리실리콘"이라는 재료로 만들어지는데, 이걸 만드는 과정에서 "사염화규소"라는 유해한 독성 부산물이 나와요.

사염화규소란?

손으로 만지면 안 되는 매우 독성이 강한 물질이에요. 흙에 묻히면 풀 한 포기도 자라지 못하게 돼요. '땅을 죽게 하는 독극물'이라고 생각하면 돼요.

중국 하북공업대학교 재료과학대학 런 빙옌(Ren Bingyan) 교수는 말했어요.

"사염화규소는 인간이 절대 만져선 안 되는 물질입니다. 폐기하거나 매립하면 그 땅은 죽습니다. 풀도 나무도 자라지 않습니다. 폭탄처럼 위험하고, 오염된 땅은 다시 쓸 수 없게 됩니다."

그런데 왜 이런 위험한 물질을 계속 쓸까요?

그 이유는 돈이 되기 때문이에요. 태양광 패널을 만드는 데 필요한 재료인 폴리실리콘은, 가격이 폭등했고, 이걸 주로 생산하는 나라는 바로 중국이에요.

전 세계 태양광 패널의 약 70%는 중국에서 만들어져요. 중국은 환경 규제가 약해서 환경을 오염시켜도 큰 벌을 받지 않아요. 그래서 사염화규소 같은 독성물질도 제대로 처리하지 않고 그냥 버리는 경우가 많아요. 폴리실리콘 공장들이 환경을 망치고 있지만, 중국은 계속 생산을 늘리고 있어요.

태양광 패널을 버릴 때 생기는 문제들은 더욱 심각해요.

태양광 패널은 한 번 쓰고 나면 폐기해야 해요. 하지만 그냥 버리면 안 돼요. 왜냐하면,

- 카드뮴 (Cd, Cadmium)
- 비소 (As, Arsenic)
- 기타 독성물질들이 들어 있어요.

태양광 패널은 얇은 판 안에 독성물질이 섞여 있어서 통째로 분해해야만 해요.

하지만 중국처럼 규제가 약한 나라에서는 이런 패널들을 그냥 땅에 묻어버리거나 방치해요.

그리고 시간이 지나면 빗물이 패널을 지나면서 카드뮴, 비소 같은 독성물질이 흙과 강, 바다로 흘러 들어가요. 과학자들이 가장 걱정하는 부분은, 비가 오면 독성물질이 씻겨 나간다는 거예요.

카드뮴은 매우 적은 양으로도 인체에 해를 줄 수 있는 유해 금속이에요. 카드뮴은 신장(콩팥), 폐, 뼈에 해를 끼치고, 암을 유발할 수 있어요.

태양광 에너지는 환경오염을 일으켜요.

태양광 에너지는 운영할 때만 깨끗해 보이고, 만드는 과정과 버리는 과정은 결코 친환경적이지 않아요.

지금처럼 전 세계가 태양광 에너지 사용을 계속 늘린다면, 더 많은 공장이 생기고 더 많은 독성 폐기물이 생기고 더 많은 땅과 물이 오염될 거예요.

1. 전 세계 태양광 패널의 약 70%는 중국에서 생산돼요.

2. 태양광 패널을 만들 때 사염화규소라는 독성 부산물이 생겨요.

3. 사염화규소는 땅을 죽이는 무서운 물질이에요. 풀이나 나무도 못 자라요.

4. 폴리실리콘 가격은 폭등했고, 주요 생산국은 중국이에요.

5. 비에 씻겨 나온 카드뮴, 비소 등 독성 화학물질이 강, 바다, 땅을 오염시켜요.

6. 중국은 환경 규제를 약하게 운영하는 방식으로 패널을 값싸게 생산하여 큰 이익을 얻고 있어요.

퀴즈타임!

Q1 태양광 패널에 있는 사염화규소는 어떤 문제를 일으키나요?

① 꽃을 더 많이 피우게 해요.

② 땅을 죽게 만들어요.

③ 냄새만 나요.

Q2 태양광 패널에 있는 카드뮴은 어떤 물질일까요?

① 비타민처럼 몸에 좋은 물질

② 독성이 있는 위험한 물질

③ 빛을 더 반짝이게 해주는 물질

풍력 터빈 때문에 수많은 동물들이
죽어가고 있어요!

여러분, "풍력 터빈"이라는 말을 들어본 적 있나요? 높은 산 위나 바닷가에 있는 엄청나게 큰 바람개비처럼 생긴 구조물을 본 적 있을 거예요. 이건 바람이 불면 날개가 돌아가면서 전기를 만드는 기계예요.

사람들은 이걸 '재생에너지'라고 부르며 깨끗한 에너지, 친환경 에너지라고 자랑하지만, 사실 이 풍력 터빈이 하늘을 나는 새들에게 아주 무서운 존재가 될 수도 있다는 사실을 알고 있나요?

하늘을 나는 새들이 위험해요!

미국 캘리포니아에 있는 알타몬트 풍력 발전소에서는 매년 약 10,000마리의 새들이 터빈에 부딪혀서 죽고 있어요.

그중에는 맹금류도 있어요. 맹금류는 매, 독수리, 올빼미처럼 자연에서 생태계를 지키는 먹이사슬 꼭대기 포식자예요!

특히 이 발전소에서는 매년 1,123마리 정도의 맹금류가 희생되고 있어요. 너무 많은 새들이 죽자 결국 새들이 이동하는 계절(4개월) 동안, 풍력 터빈을 멈추도록 법으로 제한했어요.

이건 단순한 사고가 아니라 매년 반복되는 문제예요.

바다에서는 고래가 죽고 있어요!

바닷속에도 풍력 터빈을 세워요. 이를 해상 풍력 발전소라고 부르는데요, 이때 거대한 풍력 터빈을 바다 밑 땅속 깊이 박기 위해 '파일 드라이버'라는 거대한 해상 망치를 사용해요.

"쿵! 쿵! 쾅! 쾅!"

이 소리는 사람이 듣기에도 괴롭지만, 바닷속에서 사는 고래, 돌고래, 바다표범에게는 귀가 찢어질 정도의 엄청난 고통을 줘요.

미국 매사추세츠 해안에서는 풍력발전소 공사 중 죽은 혹등고래 14마리가 바다에서 떠밀려왔어요.

과학자들은 이 소리가 고래의 방향 감각을 잃게 만들고, 결국 숨을 못 쉬게 만들어 죽게 만든다고 했어요.

해양 생물은 바닷속 소리로 방향을 찾고 가족을 찾아요. 그런데 그 소리를 빼앗으면 생존 자체가 위험해지는 거예요.

환경 운동가들은 왜 아무 말이 없을까요?

평소에는 플라스틱 빨대 하나에도 난리를 치던 환경 운동가들이, 풍력 터빈 때문에 고래가 죽고 새들이 수천 마리 죽어도 조용합니다.

왜 그럴까요? 풍력발전소가 정치적인 이유로 밀어붙여지고, 자연은 그 대가를 치르고 있는 거예요.

에너지가 정말 친환경인지 알려면 "이게 자연에 어떤 영향을 주는가?"를 먼저 살펴봐야 해요.

바람으로 전기를 만들면 좋아 보일 수 있지만, 고래가 죽고, 새들이 죽고, 동물보호법도 무시된다면, 이걸 정말 친환경이라고 할 수 있을까요?

1. 풍력 터빈은 매년 수천 마리의 새, 특히 맹금류를 죽게 해요.

2. 해상 풍력은 고래의 귀를 멍들게 하고, 심하면 죽음에 이르게 해요.

3. 동물을 보호하는 법이 있어도, 풍력 터빈 설치 공사는 계속되고 있어요.

4. 환경 운동가들은 이상하게도 이런 피해에는 침묵하고 있어요.

5. 진정한 친환경 에너지를 찾으려면, 생물 피해가 있는지 따져야 해요!

퀴즈타임!

Q1 알타몬트 풍력발전소에서 희생되는 새는 매년 몇 마리쯤 일까요?

① 약 100마리   ② 약 10,000마리

③ 1마리

Q2 풍력 터빈 소음은 특히 어떤 동물에게 치명적인가요?

① 기린   ② 호랑이   ③ 고래

10

바람으로 전기를 만든다고
정말 친환경일까요?

거대한 풍력 터빈은 어떻게 만들어질까요?

높이가 100미터 넘는 커다란 풍력 터빈을 본 적 있나요? 이 거대한 기계를 만들기 위해선 강철, 유리섬유, 콘크리트, 그리고 매우 다양한 희토류 광물이 필요해요.

그중 가장 중요한 재료는 네오디뮴과 디스프로슘이에요. 전 세계에서 이 광물의 대부분은 중국에서 캐내고 있어요.

하지만 이 광물을 캐내는 과정은 결코 친환경적이거나 깨끗하지 않아요.

중국 광산 마을에 무슨 일이 일어났을까요?

중국 광산 마을에서는 사람들이 이상한 병에 걸리기 시작했어요.

이가 빠지고, 어린아이의 머리가 하얗게 세고, 심각한 피부병과 호흡기 질환에 걸리고, 방사능 수치가 인근 다른 호수보다 10배나 높아졌어요.

바로 풍력 터빈에 필요한 광물을 캐는 과정에서 나온 독극물과 폐수 때문이었어요. 이 마을은 이제 사람들이 살 수 없는 독극물 호수 근처에 있어요.

바람이 전기를 만들기도 전에 오히려 환경을 망쳐요.

한 대의 풍력 터빈을 설치하려면 콘크리트만 약 500세제곱미터(m3) 이상 들어가요. 이걸 만들고 운반하는 동안 엄청난 양의 이산화탄소가 나와요. 그 양은 무려 624,000kg, 이는 자동차 130대가 1년 내내 내뿜는 이산화탄소 배출량과 비슷해요.

게다가 이걸 설치하려면 큰 트럭, 크레인, 굴착기가 동원돼요. 그리고 가동할 때는 석유로 움직이니까 더 많은 매연이 나오겠죠?

풍력발전소는 산림을 파괴해요.

풍력 터빈으로 전기를 만들려면 나무 수만 그루를 베어야 해요. 왜냐하면 풍력은 전기를 많이 만들지 못해서, 넓은 땅이 필요하거든요.

기존 화력발전소 한 곳과 같은 전력을 만들려면 풍력발전은

400~800배 더 넓은 땅이 필요해요.

예를 들어, 뉴욕시가 필요한 전기를 풍력에너지로 만들려면, 우리나라 수도권 전체 면적(서울, 인천, 경기도)보다 더 넓은 땅이 필요해요.

풍력 터빈 바람 소리 때문에 몸이 아픈 사람들

풍력 터빈이 돌아갈 때는 귀에는 잘 들리지 않는 저주파 소리가 나와요. 이게 사람의 몸에 스트레스를 주고, 몸을 아프게 해요.

소아과 의사 니나 피어폰트(Nina Pierpont) 박사는 이걸 "풍력 터빈 증후군"이라고 불렀어요.

풍력 터빈 근처에 살던 사람들은 이렇게 말했어요.

"잠이 잘 안 와요."
"가슴이 두근거리고 불안해요."
"귀에서 계속 이상한 소리가 들려요."

이런 현상은 아이들에게 더 치명적이에요. 잠을 못 자고, 뇌 발달에도 영향을 받아요.

터빈을 사용하고 나면 어쩌죠? 재활용이 되지 않아요!

터빈의 날개는 유리섬유로 만들어져 있어요. 너무 단단하고 독특한 재질이라 재활용이 거의 불가능해요! 결국에는 땅에 묻거나, 고온으로 태워버려야 해요.

하지만 태울 때도 유해물질이 나와요. 그래서 일부 유럽 국가는 터빈을 매립조차 금지하고 있어요.

현재 매년 약 200만 톤의 터빈 폐기물이 생기고, 2050년까지는 4,300만 톤이 넘을 것으로 예상돼요. (※ 우리나라 1년 생활 쓰레기의 약 3배!)

미국 뉴욕 인근의 풍력 터빈 폐기물 더미

태양광 패널은 더 심각해요

- 패널 10개 중 9개는 재활용되지 않아요.

- 패널 안에는 납, 카드뮴, 셀레늄 같은 독성물질이 들어 있어요.

- 재활용 비용은 비싸고, 매립하는 게 훨씬 더 싸요.

국제에너지기구(IEA)에 따르면 2050년까지 태양광 패널 폐기물은 7,800만 톤에 이를 거래요.

1. 풍력 터빈을 만들기 위해 사람들이 병들고 환경이 파괴돼요.

2. 터빈을 만들고 설치할 때도 이산화탄소가 많이 나와요.

3. 발전소를 만들기 위해 산림을 베고 땅을 차지해요.

4. 터빈 소음 때문에 사람들과 아이들이 아파요.

5. 터빈 수명이 끝나면 재활용되지 못하고 땅에 묻어야 해요.

6. 태양광 패널도 독성이 강하고, 대부분 재활용되지 않아요.

퀴즈타임!

Q1 풍력 터빈을 만들 때 쓰이는 희귀한 광물의 대부분은 어느 나라에서 캐나요?

① 미국　　　　　② 중국　　　　　③ 러시아

Q2 풍력 터빈 1개를 설치할 때 나오는 이산화탄소의 양은?

① 100g　　　　　② 1kg　　　　　③ 624,000kg

Q3 태양광 패널의 가장 큰 폐기물 문제는?

① 전기가 부족하다.

② 패널이 비싸다.

③ 독성물질이 많고 재활용이 안 된다.

풍력에너지 전기료는 왜 그렇게 비쌀까요?

여러분, 바람은 우리가 어디서든 불 수 있죠? 그래서 "풍력은 싸고 깨끗한 에너지일 거야!"라고 생각하는 사람도 있을 거예요. 하지만 실제로 풍력 발전을 하면, 오히려 전기요금은 비싸지고 나라의 세금도 왕창 쓰여요.

풍력 전기는 왜 이렇게 비쌀까요?

풍력 터빈은 바람으로 날개를 돌려 전기를 만들어요. 하지만 자연의 바람은 우리가 원할 때만 불어주지 않아요. 물론 우리가 예측 할 수도 없답니다.

- 바람이 약하면? → 전기를 못 만들어요.
- 바람이 너무 강하면? → 터빈이 망가지는 것을 방지하기 위해 운행을 멈춰야 해요.

89

- 저녁 시간이나 겨울처럼 전기를 많이 쓸 때 바람이 불지 않으면, 대체 전기를 공급해야 해요. 이것 또한 문제예요.

풍력 터빈으로 만들어진 전기가 기존 전기보다 훨씬 더 비싼 이유에 대해.

① 풍력 터빈을 만들고 설치하는 데 비용이 많이 들어요.

② 유지보수도 어렵고 비싸요. 워낙 높은 데 있어서 수리도 헬리콥터나 크레인이 필요해요.

결과: 국민 전기요금과 세금이 올라가요.

게다가 풍력 발전소에 화재가 나면 더욱 위험해요. 발전기가 야외에 있기 때문에 화재가 잘 나고, 화재가 나면 풍력 터빈이 높은 곳에 있기 때문에 화재 진압이 매우 어렵거나 불가능할 때도 있어요.

풍력은 화석연료 발전소가 없으면 무용지물이에요.

바람이 안 불면, 바로바로 전기가 나올 수 있는 석탄, 가스 발전소가 있어야 해요. 이 발전소는 늘 대기하고 있어야 해서,

- 켜고 *끄기*를 반복하면 기계가 빨리 고장 나요.
- 발전소를 예열하려면 더 많은 연료가 필요해요.
- 결과적으로 오히려 더 많은 비용이 발생해요.

풍력 터빈은 수명이 짧아요.

정부는 풍력 터빈을 30년 쓸 수 있다고 말하지만, 실제로는 10~15년만 지나도 고장이 나요.

바닷가에 있는 해상 터빈은 녹이 잘 슬고, 날씨가 안 좋은 곳에서는 부품 수명이 짧아져요.

그래서 터빈을 자주 바꿔야 하고, 비싼 수리비와 철거비도 따로 더 들어요.

풍력 많이 쓴 곳 = 전기요금 많이 오른 곳.

미국에서는 2008년부터 2022년까지 풍력에너지 비중이 높은 8개 주는 전기요금이 평균 33%나 폭등했어요!

같은 일이 유럽에서도 일어나고 있어요. 풍력 비중이 높아질수록 전기요금도 같이 오르고 있다고 해요.

풍력이 환경을 지킨다고요? 그렇지 않아요.

날아다니는 새들이 풍력 날개에 부딪혀 죽기도 하고, 풍력단지 소음 때문에 야생동물이 도망가고, 사람들은 소음, 진동, 저주파음 때문에 두통, 불면증, 신경장애까지 겪어요.

"비용이 많이 드는 바람, 풍력 발전"에 대해 이제 잘 알게 되었죠?

1. 바람은 일정하지 않아 전기가 안정적으로 항상 발전하지 못해요.
2. 결국 화석연료 발전소에 의존할 수밖에 없어요.
3. 날씨 변화에 약해 정전과 피해를 일으킬 수 있어요.
4. 보조금 없이는 운영이 힘들고, 국민 세금이 계속 들어가요.
5. 풍력 보급이 많을수록 전기요금도 더 많이 올라요.
6. 바람이 공짜라고 풍력도 공짜는 아니에요!

퀴즈타임!

Q1 풍력 발전소 근처에서 사람들이 겪는 문제는 무엇일까요?
　① 인터넷 속도가 느려져요.
　② 소음과 진동으로 두통, 수면 장애가 생길 수 있어요.
　③ 휴대폰이 터지지 않아요.

Q2 미국이나 유럽처럼 풍력 발전이 많은 나라에서 생긴 공통된 문제는?
　① 전기요금이 낮아졌어요.
　② 풍력 터빈이 혼자서 전기를 전부 다 공급했어요.
　③ 전기요금이 폭등했어요.

Q3 풍력 발전소를 늘리는 데에도 석탄, 철, 시멘트 같은 자원이 많이 필요한 이유는?
　① 풍력 터빈은 종이로 만들기 때문에
　② 풍력 터빈을 제조하고 설치하는 데 많은 자재가 필요하기 때문에
　③ 풍력 터빈은 땅에 그냥 세워 두면 알아서 고정되기 때문에

재생에너지가 우리나라 전력시스템을
더 힘들게 해요.

재생에너지는 태양과 바람의 힘으로 전기를 만들 수 있어서 멋져 보일 수 있어요. 하지만 문제도 함께 따라온답니다. 우리가 오랫동안 안정적으로 잘 써오던 전력 시스템을 더 힘들고 비싸게 만들고 있어요.

바람과 태양의 움직임은 제멋대로예요.

바람은 갑자기 불었다가 멈추고, 해는 날마다 떠도 구름이 가리거나 밤이 되면 사라져요. 그래서 바람과 태양으로 만든 전기는 언제 나올지 예측하기 어려워요. 전기가 꼭 필요할 때 바람이 안 불면 어떻게 될까요?

그래서 바람과 태양이 쉴 때를 대비해 석탄, 천연가스 발전소를 계속 준비 상태로 대기시켜야 해요. 그러면 이 발전소들은 제 역할을 못 해서 돈은 많이 들고, 일은 적게 하게 돼요.

재생에너지가 전기요금을 비싸게 만드는 3가지 이유

① 전기를 멀리서 끌어와야 해요.

태양광과 풍력 발전소는 사람들이 많이 사는 곳에서 멀리 떨어진 곳에 있어요. 산, 들판, 사막 같은 곳에 말이죠. 그래서 만든 전기를 도시에 보내려면 긴 전선과 송전탑이 필요해요. 이걸 설치하는 데 또 엄청난 돈이 들어요.

② 기존 발전소는 쉬고 있어요.

바람이 불거나 햇빛이 강하면, 정부는 먼저 풍력이나 태양광 전기를 쓰도록 해요. 그럼 석탄이나 가스로 만든 발전소는 일을 덜 하게 되죠. 이 발전소들은 계속 운행이 되어야 제값을 하는데, 일을 못 하니까 손해를 봐요. 이 손해는 결국 어떻게 메울까요? 맞아요, 바로 우리 세금이에요.

③ 날씨가 도와줘야 해요.

태양과 바람은 언제 어떻게 될지 알 수 없어요. 그래서 전기가 필요할 때 바람이 안 불고, 해가 안 뜨면 전기 생산이 멈춰버려요. 이런 걸 "간헐적 발전"이라고 해요. 그래서 갑자기 전기가 부족하면 예비 발전소를 급히 돌려야 해요. 그 비용도 당연히 우리가 낼 세금이에요.

AI시대, 전력 사용량은 더 커져요.

여러분, AI시대가 오면 전력 사용량은 어떨까요? AI데이터센터랑 반도체 공장 때문에 2030년쯤에는 전기 사용량이 최소 30% 더 많아져요. 무려 약 1,700억 kWh의 전력량이 더 필요해진다는 거죠.

그리고 데이터센터만 봐도 2025년에 4.4GW에서 2028년 6.1GW으로, 이 후에는 몇 배로 더 크게 늘어날 것으로 예상하고 있어요.

이런 상황에서 "RE100, 태양광과 풍력 에너지로만 갑시다" 이러면, 전국 정전 예약하는 거나 마찬가지예요.

AI시대를 밝히려면, 안정적인 전력 시스템 전략이 가장 중요해요. 이 전략이 없으면 불 꺼진 암흑시대가 될 수도 있어요!

재생에너지는 광물을 너무 많이 써요.

재생에너지에는 꼭 필요한 금속들이 있어요. 리튬, 니켈, 구리, 코발트, 희토류 같은 것들이죠.

이런 광물들은 땅을 파서 캐야 해요. 이 과정에서,

• 숲이 파괴되고 동물과 식물의 집이 사라져요.

　→ 땅을 파헤치면 숲이 없어지고, 그곳에 살던 동물과 식물들

이 터전을 잃어요.

- 물을 엄청나게 쓰고 강과 바다가 오염돼요.

  → 광물을 깨끗하게 만들려면 엄청난 양의 물이 필요해요.

- 독성 폐기물이 생겨요

  → 땅을 파면 흙, 돌, 오·폐수, 독성 액체 같은 나쁜 찌꺼기들이 많이 생겨요. 이게 강과 바다로 흘러 들어가서 오염시켜요.

오랫동안 환경을 보호하자고 외치던 환경 단체들은 예전에는 광물 채굴을 반대했어요. "지구를 아프게 하지 말자."라고 외치면서요.

그런데 지금은? "전기차! 재생에너지!"라고 외치면서, 오히려 더 많은 금속을 캐자고 말하고 있어요.

이건 자연과 동물들에게 큰 피해를 줘요.

중국에 너무 많이 의존하게 돼요.

이 금속들은 대부분 중국에서 캐고 가공해요.

- 희토류 → 60% 이상이 중국.

- 코발트 → 65% 이상이 중국.

- 니켈 → 35% 이상이 중국.

- 구리 → 40% 이상이 중국.

- 가공 → 85% 이상이 또 중국.

세계가 재생에너지를 많이 쓸수록, 더 많이 중국에 의존하게 돼요. 그럼 에너지 공급에 문제가 생겼을 때 중국과의 협상에서 우리가 요구할 수 있는 게 줄어들어요.

1. 태양과 바람은 예측이 어렵기 때문에 발전소를 계속 대기시켜야 해요.

2. 재생에너지 발전소는 도시에서 멀리 떨어져 있어서 송전 비용이 많이 들어요.

3. 철, 플라스틱, 콘크리트 같은 자재를 어마어마하게 많이 써요.

4. 채굴로 인해 자연과 생물이 큰 피해를 입어요.

5. 특별한 금속 대부분을 중국이 차지하고 있어서 의존도가 커져요.

퀴즈타임!

Q1 재생에너지가 전기요금에 미치는 영향은?

　① 싸게 만들어줘요.　　② 변함없어요.

　③ 전기요금이 폭등해요.

Q2 광산에서 채굴할 때 가장 많이 쓰이는 자원은?

　① 바람　　　　　　② 물　　　　　　③ 햇빛

03

**배터리 전기자동차,
정말 환경을 지키는 친구가 맞을까요?**

전기차는 이산화탄소를 많이 내뿜어요.

우리가 흔히 전기차라고 하면, "깨끗하고 공해 없는 차"라고 생각하죠? 하지만 정말 그럴까요?

전기차가 진짜로 이산화탄소를 줄여주는지는, 전기를 어떻게 만들어서 충전하느냐에 달려 있어요. 만약 전기를 석탄이나 천연가스를 태워서 만든다면? 그 전기로 전기차를 충전하는 건, 사실 휘발유차를 타는 것과 비슷한 거예요.

미국 미시간대학교 연구팀은 이런 실험을 했어요. 석탄 발전소 전기로 충전한 전기차 한 대는, 휘발유 1리터로 12km를 달리는 자동차와 비슷한 양의 이산화탄소를 만든다고 해요.

전기차는 특히 배터리를 만들 때 아주 많은 에너지를 써요. 배터리는 대부분 재활용이 어렵고, 리튬이나 코발트 같은 희귀한 자원을 많이 써요.

우리나라 전력망, 전기차 100%를 감당할 수 있을까요?

지금 한국에서 배터리로 달리는 전기차는 전체 차량의 약 2%뿐이에요. 그런데 만약 모든 차를 전기차로 바꾼다면, 전기를 얼마나 더 써야 할까요?

간단한 계산을 해볼게요.

- 자동차 등록 대수: 약 2,630만 대
- 한 사람당 1년 평균 주행거리: 13,000km
- 휘발유 1리터 = 약 8.4kWh의 전기에너지
- 그럼 연간 필요한 전력: 약 2,393억 kWh.

한국의 1년 국가 전체 전력 소비량이 5,580억 kWh 정도예요. 이 말은 전기차 충전에만 국가 전체 사용 전력의 거의 절반 정도가 필요하다는 뜻이죠. 도대체 이 많은 전기를 어디서 만들 수 있을까요?

여름철 미국 텍사스, 전기차 충전 금지 사태

2022년 여름, 미국 텍사스에서는 황당한 일이 벌어졌어요. 테슬라 전기차를 탄 사람들은 전기차 충전 금지라는 안내를 받았어요.

왜일까요?

전기차 충전이 전력망에 너무 큰 부담을 주기 때문이에요. 그때 폭염 때문에 전력량이 부족했거든요.

하지만 사실 텍사스의 여름은 항상 더웠어요. 그해 특별히 더웠던 것도 아닌데 말이죠.

미국정부는 무려 300억 달러(한화 약 45조 원)를 들여 풍력 발전소를 지었는데, 그 풍력 발전소는 바람이 불지 않아서 멈춰 섰어요.

풍력과 태양광은 간헐적으로 작동하기 때문에, 정말 필요할 때 작동 안 할 수도 있어요.

1. 전기차는 충전 전기가 석탄·가스로 만들어지면 휘발유차만큼 이산화탄소를 배출해요.
2. 배터리를 만드는 과정에서는 일반차보다 훨씬 더 많은 이산화탄소가 나와요.
3. 전기차 100%가 되면, 지금보다 훨씬 더 많은 전력이 필요해요.
4. 지금 전력망으로는 전기차가 많아지면 큰 문제가 생겨요.
5. 간헐적인 재생에너지만으로는 전기차 충전 수요를 감당할 수 없어요.

퀴즈타임!

Q1 전기차 100% 시대가 오면 어떤 문제가 생길 수 있을까요?
① 모두가 전기차를 공짜로 살 수 있어요.
② 전국에 세차장이 부족해져요.
③ 전력 수요가 폭증해 전기 부족이 올 수 있어요.

Q2 풍력 발전이 무용지물이 된 이유는?
① 장마 때문　　② 충분한 바람이 불지 않았기 때문
③ 너무 많은 전기를 만들어서

Q3 전기차를 만들 때 더 많은 이산화탄소가 나오는 이유는?
① 전기차는 문이 5개라서
② 타이어가 무거워서
③ 배터리를 만들 때 많은 에너지가 들어가기 때문에

전기차에 불이 나면 도시 속의
폭탄처럼 정말 위험해요.

우리 주변에 전기차가 점점 많아지고 있어요. 기름 대신 전기로 움직이니 뭔가 더 깨끗하고 좋은 것처럼 보이죠? 그런데 여기엔 우리가 꼭 알아야 할 중요한 문제도 숨어 있어요. 그건 바로 화재, 즉 불이 났을 때 이야기예요.

전기차는 기름 대신 배터리를 써요. 휴대폰이나 태블릿처럼요! 그중에서도 리튬 이온 배터리라는 걸 쓰는데, 이 배터리는 에너지를 많이 저장할 수 있어서 자동차에 딱 맞는 배터리예요.

그런데 문제는 이 리튬 이온 배터리는 불이 나기 쉽고, 불이 나면 정말 뜨겁고 화재가 오래가요.

하나만 불 나도 줄줄이 펑펑펑!

전기차에는 배터리가 하나만 있는 게 아니라, 수십 개가 연결돼 있어요. 이 중 하나에서 불이 나면 다른 배터리들도 도미노처럼 따라 붙어요. 그래서 불이 꺼졌다고 생각해도 다시 불이 붙는 경우가 있어요. 이걸 재점화라고 해요.

불이 꺼졌다가 또 붙고 또 붙고 정말 무서운 일이죠.

화재 진압에 물도 엄청 많이 필요해요!

일반 자동차는 불이 붙어도 물이나 소화기로 어렵지 않게 끌 수 있어요. 하지만 전기차에 불이 붙으면 일반차보다 화재 진압이 훨씬 더 어렵고 물도 더 많이 필요하다고 해요. 심지어 소방관들도 전기차 화재는 진압하기가 진짜 힘들다고 해요.

전기차는 차고나 지하주차장에 두면 화재 시 더 위험해요.

전기차에 불이 나면 연기와 열이 너무 강해서, 집 안에 불이 옮겨 붙을 수 있어요. 실제로 미국에서는 전기차 한 대가 차고에서 불이 나서 여러 채의 집이 전부 불에 타버린 일도 있었어요.

전문가들은 말해요.

"전기차는 지하주차장이나 집 차고보다는 외부에 주차하는 게 더 안전합니다."

자동차 회사들도 이 문제를 해결하려고 노력 중이에요. 불에 잘 안 타는 부품을 쓰려 하고, 배터리 셀 사이에 '작은 방화벽'을 만들어 불이 번지지 않게 하려 해요.

　하지만 아직 완전히 안전한 방법은 개발되지 않았어요.

　J.D. Power 자동차 리서치 책임자 데이브 서전트(Dave Sargent)는 말했어요.

"전기차가 진짜 미래의 자동차가 되려면, 반드시 이 '화재 문제'를 해결해야 합니다."

1. 전기차는 '리튬 이온 배터리' 덕분에 잘 달릴 수 있지만, 이 배터리는 잘 타요.

2. 배터리 하나에 불이 나면 주변 배터리까지 불이 번질 수 있어요.

3. 진압하려면 일반차보다 훨씬 많은 물이 필요하고, 불이 꺼졌다 다시 붙기도 해요.

4. 전기차 화재는 주변 건물로도 옮겨 붙을 수 있으니 차고보다는 외부에 주차 해야 안전해요.

퀴즈타임!

Q1 전기차 화재 진압이 어려운 이유는 무엇일까요?

① 배터리가 자주 빠져서

② 물에 닿으면 배터리가 녹아서

③ 배터리에 재점화되고 터질 수도 있어서

대중교통 이용자 세금으로
부자들에게 전기차 보조금을?

전기차 보조금, 누가 받고 또 왜 세금을 쓰나요?

오늘날 세계 여러 나라에서는 전기차가 '지구를 지키는 착한 차'라는 이름으로 막대한 보조금을 받고 있어요. 보조금이란, 자동차를 살 때 정부가 일부 금액을 대신 내주는 제도예요.

노르웨이에서는 전기차를 살 때 3천만 원까지 깎아준 적도 있고, 미국에서는 최대 7,500달러(한화로 약 1,100만 원)까지 지원해준 적도 있어요.

우리나라도 최대 580만 원을 보조해주기도 했어요. 그런데 이 돈은 어디서 나올까요? 결국 우리가 낸 세금이에요! 버스나 지하철을 타는 사람도, 아침마다 출근하는 소상공인도, 전기차와 아무 상관 없는 사람들까지 모두 세금으로 전기차를 지원하는 거예요.

전기차는 비싸요! 그럼 누가 사나요?

그렇다면 전기차는 누구나 쉽게 살 수 있을까요?

2023년 기준 미국에서 전기차 한 대의 평균 가격은 약 8,800만 원, 일반 가솔린 차량은 약 6,600만 원이에요. 전기차가 일반차보다 2,000만 원 이상 더 비쌉니다.

대부분의 사람들은 보조금을 받아도 전기차를 구매하기 어려워요. 실제로 전기차 구매자의 대부분은 고소득자예요. 즉, 돈 많은 사람들이 전기차를 사는데, 그 돈은 일반 국민들이 낸 세금으로 지원받는 거죠.

이게 과연 합리적이고 공정한 걸까요?

정부는 사람들에게 전기차를 몰래 '강요'하고 있어요. EPA(미국 환경보호청)는 일반차가 지키기 힘든 배출가스 규제 기준을 발표했어요. 자동차 회사들은 살아남으려면 전기차를 만들 수밖에 없게 되었어요.

모든 사람이 전기차를 타면 무슨 일이 벌어질까요?

과학자 마크 밀스(Mark Mills)는 말했어요.

"전 세계가 전기차로 바뀐다면, 필요한 자원량이 지금보다 7배나 더 높아질 것입니다."

전기차는 광물 덩어리예요. 배터리를 만들기 위해 다음과 같은 광물자원이 필요해요:

- 구리 (전선을 만들어요.)
- 리튬
- 니켈
- 코발트
- 희토류 금속
- 알루미늄
- 아연 등

이 자원들은 벌써부터 부족해지고 있어요. 특히 구리는 전기와 관련된 거의 모든 장비에 들어가서, 앞으로 구리 대란이 올 수 있어요. 하지만 새로운 광산을 만드는 데는 평균 16년이 걸려요. 그럼 만드는 동안 부족한 구리는 어떻게 해야 할까요?

1. 전기차 보조금은 세금으로 지원돼요.

   대중교통 이용하는 사람의 세금으로 부자들이 전기차를 할인받고 있어요.

2. 전기차는 너무 비싸서 일반 사람들은 구매하기 쉽지 않아요.

   대부분 구매자는 부유층이에요.

3. 정부는 배출가스 규제를 강화해서 전기차 구매를 사실상 강요하고 있어요.

4. 충전소, 배터리 회사, 전기 인프라에 수십조 원의 세금이 사용되고 있어요.

   하지만 국민에게는 제대로 설명하지 않았어요.

5. 전기차 보급이 늘어나면 자원 부족 사태가 올 수 있어요.

   특히 구리와 같은 금속 자원은 이미 부족해지고 있어요.

퀴즈타임!

Q1 전기차를 살 때 정부가 우리 세금으로 일부 돈을 대신 내주는 걸 뭐라고
하나요?

① 할인권　　　　　② 보조금　　　　　③ 적금

Q2 전기차 보급 확대를 위해 정부가 하고 있는 일이 아닌 것은 무엇일까요?

① 우리 세금으로 수많은 충전소 만들기

② 우리 세금으로 배터리 회사에 보조금 주기

③ 모두에게 전기차 무료 나눠주기

전기차, 과연 보이지 않는 희생과 피해는 없을까요?

어린아이들이 땅속에서 돌을 캐는 세상, 정말 괜찮을까요?

전기차 배터리를 만들기 위해 꼭 필요한 금속 중 하나가 바로 코발트예요.

이 코발트의 절반 이상은 아프리카의 아주 가난한 나라, 콩고민주공화국(DRC)에서 나와요.

콩고에서 코발트를 채굴하는 어린이들

하지만 그 채굴 현장 환경은 상상보다 훨씬 끔찍해요.

- 10살도 안 된 아이들이 학교 대신 광산으로 가요.

- 헬멧도 없이 뾰족한 돌무더기 속에서 일해요.

- 땀과 먼지, 유독가스에 하루 12시간 이상 고개를 숙이고 돌을 파요.

이러한 채굴 현장 대부분은 중국 회사들이 관리하고 있다고 해요.

전기차가 만들어질 때, 이런 아이들의 고통이 그 안에 녹아 있을 수 있다는 걸 꼭 알아야 해요.

전기차 한 대에 들어갈 배터리를 만들기 위해 지구 땅이 226톤이나 파헤쳐져요! 전기차 배터리를 만들려면 정말 많은 광물 자원이 필요해요.

배터리를 만들기 위해 필요한 광석 질량,

- 리튬 → 11.34kg

- 니켈 → 27.22kg

- 코발트 → 13.61kg

- 구리 → 90.72kg

- 알루미늄, 강철 → 181.44kg

- 망간 → 19.96kg

무려 27톤의 광석과 소금물 11톤이 필요하며, 이 정도의 광석을 캐

마구 파헤쳐지고 있는 리튬 광산

내려면 약 226톤의 지구 땅을 파헤쳐야 전기차 한 대에 필요한 배터리를 만들 수 있어요.

그리고 한 리튬 광산에서만 35~40대의 대형 덤프트럭이 매년 무려 6,800만 리터의 경유를 사용한대요! 트럭뿐만이 아니라 셔틀 버스, 굴착기, 드릴 및 발전기 등도 엄청난 양의 화력 연료를 소모해요.

숲이 사라지고, 강은 말라가고 있어요.

인도네시아에서는 니켈을 많이 캐내요. 그런데 검은 연기와 먼지로 마을 공기가 탁해지고, 강물이 금속 성분으로 오염되었고, 사람들은 호흡기 질환과 피부병, 눈병에 걸리고 있어요.

브라질에서는 전기차에 들어가는 알루미늄을 만들기 위해 보크사이트를 캐요.

이 과정에서 생기는 독성물질이 강과 개울로 흘러들어요. 나무들이 말라죽고, 물고기도 사라지고 있어요. 지역 주민들은 마시는 물조차 믿지 못하게 되었어요.

브라질 인권 변호사 이스마엘 모레스(Ismael Mores)는 말했어요.

"이 알루미늄은 정말 많은 희생을 치르고 생산되는 것입니다."

배터리는 수명이 짧고, 버리기도 어려워요.

전기차의 배터리는 무한히 사용할 수 없어요.

- 승용차량은 약 7년
- 버스나 트럭은 약 4년 정도면 교체해야 해요.

시간이 지나면 충전해도 주행거리가 점점 짧아지고, 결국 새 배터리로 바꿔야 해요.

그런데 문제는 여기서 끝나지 않아요:

- 배터리는 화학물질 덩어리예요.
- 그냥 버리면 땅도 오염되고, 강도 오염돼요.
- 재활용하려면 복잡하고 비싼 화학 공정이 필요해요.

그래서 많은 배터리는 그냥 매립지에 묻혀요. 더 큰 오염이 생길 수 있는 이유랍니다.

'전기차는 이산화탄소를 줄인다'는 말, 진짜일까요?

전기차는 운전할 때 배기가스가 배출되지 않는다고 하지만 '만드는 과정'은 완전히 다릅니다.

- 배터리 제조 공장에서는 엄청난 전기와 에너지가 필요해요.
- 특히 광물 채굴-운반-가공-조립 전 과정에서 이산화탄소가 많이 나와요.
- 전기차는 일반차보다 광물을 훨씬 더 많이 써요.

1. 아이들이 위험한 광산에서 코발트를 채굴하고 있어요.

2. 전기차 한 대에 들어가는 배터리를 만드는 데 지구 땅 226톤이 파헤쳐져요.

3. 인도네시아, 브라질 등 광산에서도 환경 파괴가 심각해요.

4. 배터리는 짧은 수명을 가지고 있고 재활용이 어렵기 때문에 오염 폐기물을 많이 남겨요.

5. 전기차는 처음 만들어질 때부터 이미 많은 이산화탄소를 배출해요.

퀴즈타임!

Q1 배터리 하나를 만들기 위해 파헤치는 지구 땅의 무게는?

① 2그램   ② 226톤   ③ 2킬로그램

Q2 사용한 배터리를 폐기 처리하려면 어떤 문제가 있나요?

① 물에 녹는다.   ② 불에 안 탄다.

③ 유독 물질 때문에 비용이 많이 들고 환경오염 위험이 크다.

전기차는 신기술이 아니에요.

전기차는 이미 100년 전, 자동차 시장에 등장 했었답니다.

사람들은 전기차가 아주 새로운 발명품이라고 생각하기 쉬워요. 하지만 사실은 그렇지 않아요. 전기차는 100년도 더 전부터 존재했던 기술이에요. 그 당시에는 오히려 지금보다 더 많은 사람들이 전기차를 이용했답니다.

1900년대 초, 자동차 시대가 막 시작되었을 때는 오히려 전기차가 휘발유차보다 훨씬 인기가 많았어요.

그러면 왜 사람들이 전기차를 좋아했을까요? 그리고 왜 그 전기차는 사라졌을까요?

그 시절엔 왜 전기차가 더 인기였을까요?

1900년대 초반, 말이 끄는 마차가 주된 교통수단이었어요. 이때

등장한 전기자동차는 사람들에게 아주 신선한 충격이었어요!

① 시끄럽지 않고 조용했어요.

말 마차와는 다르게 소리 없이 움직였기 때문에 사람들이 부담 없이 탔어요.

② 배출 가스가 없었어요.

매연이나 냄새도 없었기 때문에 깨끗한 이미지였어요.

③ 작동이 간단했어요.

시동을 걸기 위해 힘을 쓰지 않아도 됐어요. 그 당시 휘발유차는 손으로 돌려야 시동이 걸렸거든요.

④ 도시 주행에 딱 맞았어요.

대부분 도심에서만 짧은 거리로 이동하던 시절이었기 때문에 충전도 큰 문제가 되지 않았죠.

전기차의 단점과 약점

그러나 상황은 바뀌었어요. 시간이 지나면서 나라 곳곳에 넓고 긴 도로가 생기고, 사람들은 더 멀리, 더 빨리, 더 편리하게 움직이고 싶어졌어요. 이때부터 전기차는 단점이 드러나기 시작했어요.

① 한 번 충전하면 갈 수 있는 거리가 짧았어요.

② 충전 시간이 정말 오래 걸렸어요.

③ 가격이 너무 비쌌어요. - 배터리 가격이 너무 비싸서요!

내연기관자동차의 역습!

1908년, 헨리 포드(Henry Ford)는 휘발유차를 대량 생산하기 시작했어요. 그 결과 자동차 가격이 뚝 떨어졌어요.

- 전기차보다 휘발유차 자동차 가격이 훨씬 저렴했어요!
- 게다가 주유소가 점점 많이 생기면서, 주유도 아주 쉬워졌죠.
- 석유 산업이 커지면서 연료값도 계속 내려갔어요.

이런 이유로, 사람들은 저렴하고, 편리하고, 멀리 갈 수 있는 휘발유차를 선택하게 되었고, 전기차는 점점 사라지게 된 것이에요.

요즘 다시 전기차가 주목받고 있어요. 하지만 여기서 중요한 질문이 있어요.

과연 전기차가 정말 '환경과 편리성을 위한 좋은 선택'일까요?

전기차를 만들기 위해 얼마나 많은 환경과 토양에 얼마나 심각한 오염을 가져오는지, 그 과정에서 얼마나 많은 사회 비용이 발생하게 될지 다음 장에서 함께 알아보도록 해요!

1. 전기자동차는 100년 전부터 존재했던 기술이에요.

2. 도로가 발전하고, 장거리 이동이 필요해지면서 휘발유차가 등장했어요.

3. 헨리 포드의 대량 생산 시스템으로 휘발유차 가격이 저렴해졌어요.

4. 전기차는 충전 거리, 시간, 가격에서 휘발유차보다 불리하고 불편했어요.

5. 그래서 1930년대에는 대부분의 전기차가 역사 속으로 사라졌답니다.

퀴즈타임!

Q1 휘발유차가 점점 더 인기를 얻었던 이유는요?

　① 휘발유 가격이 싸지고 휘발유차가 훨씬 편리해서요.

　② 휘발유차가 디자인이 예뻐서요.

　③ 전기차가 멈춰 서요.

Q2 왜 전기차는 없어졌을까요?

　① 너무 비싸고 멀리 못 가서요.

　② 경찰이 안 된다고 해서요.

　③ 사람들 모두 자전거를 타서요.

전기차를 타면 정말
돈을 아끼는 걸까요?

많은 사람들이 "전기차는 운영비가 훨씬 싸요!"라고 말하죠. 하지만 정말 그럴까요?

전기차 충전, 그냥 꽂으면 끝? 아니에요.

전기차에 전기를 충전하려면 여러 가지 비용이 들어요.

① 집에서 충전하려면 충전기를 설치해야 해요.

충전기 가격 + 설치 비용까지 합치면 수십~수백만 원이 들어가요.

② 밖에서 충전하려면 상업용 충전소를 이용해야 해요.

급속 충전은 편하지만 가격이 비쌉니다. 특히 고속도로에서 충전할 땐 일반 충전보다 훨씬 비싸요.

③ 충전하는 시간도 생각해야 해요.

휘발유차는 5분이면 주유할 수 있지만, 전기차는 30분~1시간 이상 걸릴 수도 있어요.

충전소까지 왕복 운행 시간도 필요해요.

2021년 엔더슨 이코노미 그룹(Anderson Economic Group) 연구 결과에 따르면, 모든 비용을 따지면 전기차는 오히려 같은 거리(100km)를 달릴 때 일반차보다 5,600 ~9,300원 더 많은 비용이 들어요.

결국 지금은 국가보조금, 정책을 통한 전기차 운영비용 절감 혜택으로 실제 운전자가 체감하는 비용은 적은 것처럼 느껴질 수 있지만, 보조금 및 혜택 정책이 중단되는 시기가 온다면 이 모든 추가 비용은 모두 소비자에게 부담될 수밖에 없어요.

배터리의 비밀: 에너지 밀도가 기름보다 훨씬 낮아요

전기차의 심장은 바로 배터리예요. 하지만 이 배터리는 아직 휘발유보다 비효율적인 단점을 가지고 있어요.

비교 항목	리튬이온 배터리	휘발유
에너지 밀도	매우 낮음 (기름의 1/100)	매우 높음 (배터리의 100배)
무게 대비 효율	무거운 배터리가 필요	적은 양으로도 멀리 감

〈그림 10〉 배터리와 휘발유 에너지 밀도 비교

에너지 자체의 밀도는 전기차의 배터리보다 일반차 엔진의 기름이 훨씬 강력해요. 그래서 전기차는 무겁고, 같은 양의 에너지로 더 짧은 거리를 달릴 수밖에 없어요.

1. 전기차는 충전 비용, 시간, 설치 비용 등 숨은 비용이 많아요.

2. 배터리는 기름보다 훨씬 낮은 에너지 밀도를 가져서 효율이 떨어져요.

3. 겨울철엔 주행거리도 줄고, 충전이 안 되는 문제도 생겨요.

4. 한 연구에 따르면, 전기차는 오히려 운영비가 더 비쌀 수 있다고 해요.

퀴즈타임!

Q1 리튬 이온 배터리의 에너지 밀도는 휘발유의 몇 분의 1일까요?

　① 2분의 1　　　　② 10분의 1　　　　③ 100분의 1

Q2 배터리 효율은 특히 어떤 날씨에 취약할까요?

　① 따뜻한 봄날　　② 시원한 가을　　③ 추운 겨울과 더운 여름

Q3 전기차는 왜 휘발유차보다 더 무거울까요?

　① 바퀴가 커서　　② 배터리가 엄청 무거워서

　③ 문이 두꺼워서

04

**과연 자연재해와 해수면 상승이
급격히 심해지고 있을까요?**

폭염은 오히려 100년 전,
20세기 초에 더 심했어요.

이산화탄소가 지구를 뜨겁게 만든다고요? 그런데 왜 이산화탄소 농도가 더 낮았던 예전이 지금보다 더 더웠을까요?

아주 오래전, 정말 무서운 폭염이 있었어요.

1911년 여름, 유럽과 미국을 덮친 폭염은 정말 끔찍했어요. 태양이 너무 뜨거워서 많은 사람들이 쓰러졌고, 그중 수만 명이 목숨을 잃었답니다.

당시 프랑스의 신문에는 이런 말이 나왔어요.

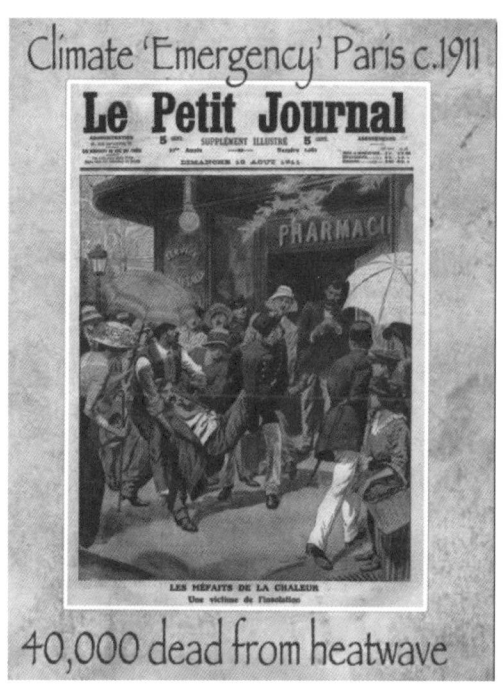

"1911년 프랑스에서만 폭염으로
4만 명 사망!"

그때 지구의 대기 중 이산화탄소 농도는 300ppm 정도였어요. 지금보다 훨씬 적었죠.

2024년의 이산화탄소 농도는 420ppm이었어요. 숫자만 보면 지금이 더 더워야 할 것 같지 않나요?

하지만 실제로는 1911년이 지금보다 더 더웠다는 게 사실이에요! 이게 도대체 어떻게 된 일일까요?

이산화탄소가 늘었는데, 폭염은 왜 줄었을까?

미국 해양대기청(NOAA)에서는 지난 100년간의 연간 폭염 일수를 조사했어요. 놀랍게도, 1900년대 초반에는 지금보다 폭염이 더 자주 발생했어요.

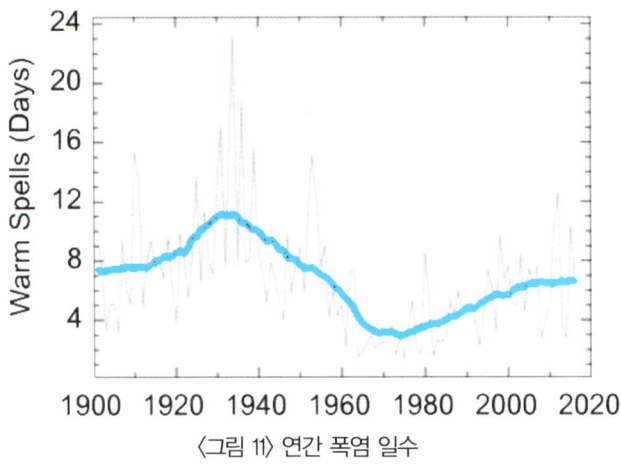

〈그림 11〉 연간 폭염 일수

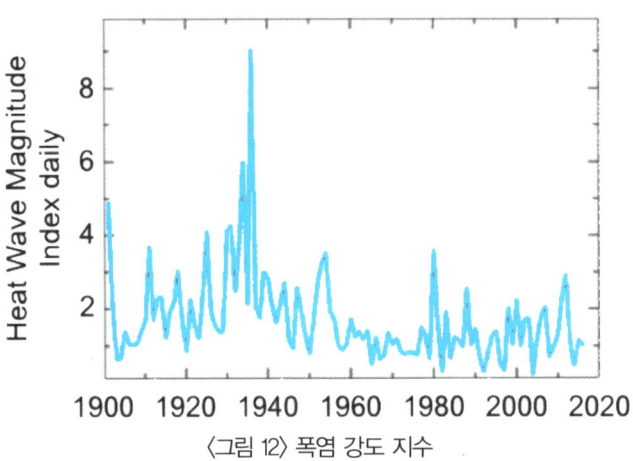

〈그림 12〉 폭염 강도 지수

즉, 이산화탄소가 적었던 시절에 오히려 더 많은 폭염이 있었다는 거예요.

그럼 이런 질문이 생기겠죠?

"이산화탄소가 지구를 덥게 만든다면, 왜 옛날엔 더 더웠던 걸까요?"

과학자 토마스 칼 박사님도 이렇게 말했어요.

"1881년부터 데이터를 보면 이산화탄소는 계속 늘었지만, 1921년부터 1979년까지는 오히려 지구가 더 추워졌습니다."

기후는 원래 주기적으로 변화해요. 마치 사계절이 돌고 도는 것처럼요.

최근 20년간 온도 변화는 거의 없었어요.

1996년부터 2016년까지 지구의 평균온도는 거의 변하지 않았어요. 그리고 1998년 이후부터는 오히려 기온이 서서히 내려가고 있어요. 놀랍게도, 그사이에도 이산화탄소 농도는 계속 증가하고 있는데도 말이에요. 이 사실을 보면 어떤 생각이 드나요?

과학자들은 이런 의문을 가지게 되었답니다.

"과연 이산화탄소가 정말 기후를 바꾸는 주범일까?"

홍수도 줄고 있어요.

이산화탄소 때문에 날씨가 점점 극단적으로 변한다고들 말해요. 홍수도 더 자주 일어난다고 생각해요.

하지만 사실은 그렇지 않아요!

1950년 이후로, 홍수의 빈도나 피해 정도는 늘지 않았어요. 오히려 미국 GDP 대비 홍수로 인한 손실은 1940년 이후 무려 4분의 1 수준으로 낮아졌어요.

1913년에는 대홍수로 인해 GDP의 2.2%의 비용이 발생, 1940년에는 홍수 피해로 GDP의 약 0.2% 손해를 봤어요. 그런데 지금은 GDP의 0.05%로 이전 대비 4분의 1 수준으로 줄어들었어요.

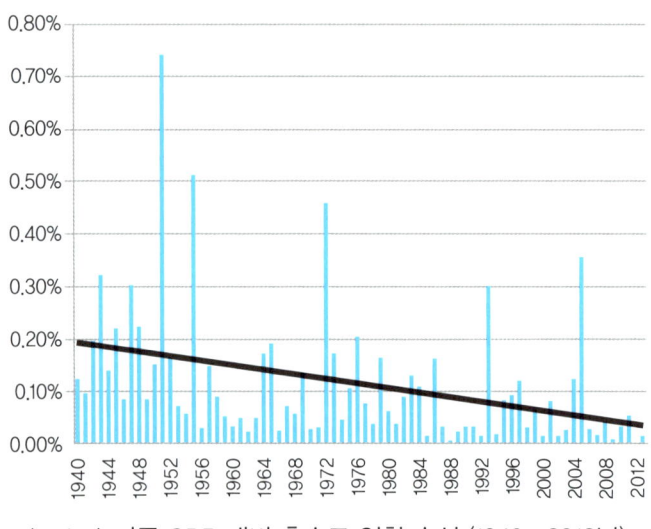

〈그림 13〉 미국 GDP 대비 홍수로 인한 손실 (1940~2013년)

물론 지금은 도시가 커지고 많은 사람들이 모여 살기 때문에, 물리적인 피해는 더 커진 것처럼 보일 수 있어요. 하지만 소득 대비, 피해는 훨씬 더 줄었다는 거예요.

우리가 똑똑해지고 기술이 발전하면서 피해를 줄일 수 있었고, 재난 대응도 더 잘하게 되었다는 뜻이에요.

1. 1911년, 진짜 무서운 여름이 왔어요!

2. 이산화탄소가 적었던 시절(300ppm), 프랑스에서만 4만 명이 폭염으로 사망했어요.

3. 지금보다 훨씬 더 더웠답니다.

4. 요즘은 폭염이 오히려 줄었어요.

5. 이산화탄소는 점점 늘었지만, 폭염은 자주 안 와요.

6. 이산화탄소만 가지고는 기후를 설명할 수 없어요.

7. 최근 20년 기온은 오히려 살~짝 내려가는 중!

8. 근데 이산화탄소량은 계속 올라가고 있어요. 이거, 수상한데요?

9. 기술이 발달하고 우리가 더 똑똑하게 대비해서 그래요.

퀴즈타임!

Q1 이산화탄소 농도가 지금보다 낮았던 1900년대 초, 폭염은 어땠을까요?

① 지금보다 더 자주 왔어요.　　　　　② 지금이랑 비슷했어요.

③ 거의 없었어요.

Q2 1998년 이후, 이산화탄소량은 늘었지만 지구의 기온은 어떻게 되었을까요?

① 계속 상승　　　② 거의 그대로~　　　③ 살짝 하락

Q3 오늘날 홍수 피해는 과거보다 GDP 대비 어떻게 되었을까요?

① 1/4로 줄었어요.　　② 그대로예요.　　③ 이제 피해는 없어요.

산불이 점점 줄어들고 있어요!

우리는 종종 뉴스에서 "산불 때문에 산이 다 타버렸어요."라는 소식을 들어요. 그래서 "요즘 산불이 더 많이 나는 거 아닐까?" 하고 걱정하는 사람도 많죠.

그런데 과학자들이 위성을 이용해서 지구를 18년 동안 관찰해보니, 놀랍게도 산불로 타버린 땅은 점점 줄어들고 있었어요!

100년 전과 지금을 비교해볼까요?

1900년대 초, 산불로 불타버린 땅의 크기는 492만 제곱킬로미터나 됐어요! 얼마나 큰지 감이 안 오죠? 우리나라 땅의 약 50배 정도 되는 어마어마한 면적이에요!

요즘은 어떨까요? 약 363만 제곱킬로미터 정도로 줄었어요. 줄어든 면적만 해도 무려 129만 제곱킬로미터, 이것은 대한민국 국토의 약 14배에 해당돼요! 정말 많이 줄어들었죠?

왜 산불이 줄어들었을까요?

1. 사람들이 농사를 더 많이 짓기 시작했어요.

사람들이 땅을 가꾸다보니, 숲을 관리하게 되었어요. 잡초나 마른 나무도 미리 치워두니까, 불이 잘 나지 않아요.

2. 화재를 진압하는 기술이 좋아졌어요.

요즘은 소방차, 헬기, 드론까지 동원해서 빠르게 진화해요.

3. 산림을 더 똑똑하게 관리하게 되었어요.

나무가 너무 빽빽하면 불이 쉽게 번지니까 가지를 자르고, 마른 수풀도 정리하는 등 예방 활동을 해요.

그런데 아직도 불을 일부러 내는 곳이 있다고요?

맞아요! 어떤 지역에서는 농사를 준비하기 위해 땅을 태우는 문화가 남아 있어요. 하지만 요즘은 그런 땅이 많이 줄었어요.

결과적으로 연간 전체 소실 면적은 33% 정도 감소했어요.

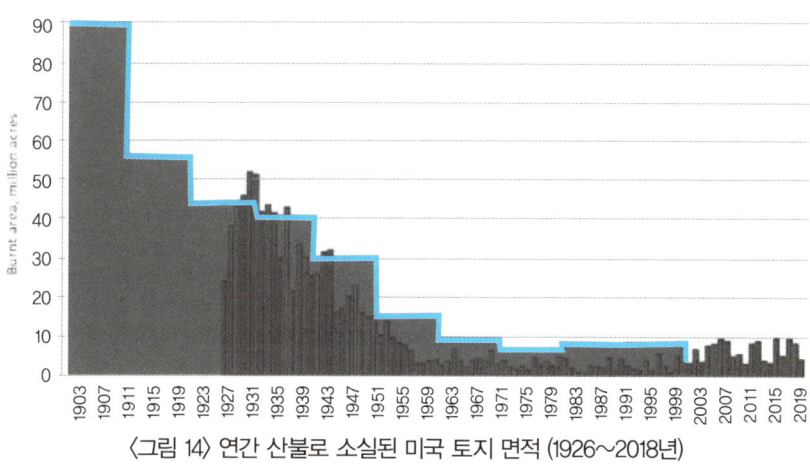

〈그림 14〉 연간 산불로 소실된 미국 토지 면적 (1926~2018년)

1930년대만 해도 약 20만 제곱킬로미터(㎢)나 타버렸는데요, 최근인 2024년에는 약 3만 6천 제곱킬로미터(㎢) 정도로 줄었어요. 무려 80% 이상 감소한 거예요. 물론 여전히 큰 피해가 있지만, 비교해보면 소실 면적은 많이 줄어들었어요.

산림 관리가 가장 중요해요!

산불을 막는 데 가장 중요한 건, 이산화탄소를 줄이는 '탄소중립'이 아니라 산을 제대로 돌보는 '산림관리'랍니다.

산림 전문가들은 말해요,

"죽은 나무, 마른 가지, 수풀 같은 것이 불을 키우는 진짜 원인입니다."

135

산에 쌓인 마른 땔감 같은 수풀들이 관리가 안 되어 있으면, 작은 불씨도 순식간에 큰불로 번져요! 이런 걸 미리 치우면 불이 훨씬 덜 나고, 산불이 나도 빨리 꺼져요.

캘리포니아에선 무슨 일이 있었을까요?

미국 캘리포니아에서는 전봇대 근처 나무 때문에 산불이 났던 적이 많았어요.

전기를 공급하는 퍼시픽 가스 앤 일렉트릭(PG&E)이라는 회사가 "전선 근처의 마른 수풀과 나무를 관리하자"고 정부에 요청했어요.

하지만 정부와 환경운동가들이 거절했어요. "자연은 그대로 둬야 해."라는 이유였죠.

그 결과는 어땠을까요?

- 전선 옆에 자란 나무와 풀이 불쏘시개처럼 쌓였어요.
- 바람이 불면 전선에서 스파크가 튀고 불이 나요.
- 결국 대형 산불이 터져서 마을이 잿더미가 됐어요.

트럼프 대통령의 한 마디.

"숲에 쌓인 마른 수풀을 갈퀴로 쓸어야 합니다!"

처음엔 사람들은 웃었지만, 죽은 나무와 수풀을 미리 치우는 게 정말 중요하다는 말이었어요.

숲을 방치하면 산이 불타버리고, 사람들도 위험에 빠져요.

진짜 중요한 질문!

자동차에서 나오는 이산화탄소를 줄이는 게 중요할까요? 아니면, 산에 쌓인 죽은 나무와 수풀을 관리하는 게 중요할까요?

정답은,

숲을 돌보는 게 훨씬 더 효과적이에요.

식물은 이산화탄소를 먹고 자라요.

이산화탄소는 식물의 양식이에요.

그걸 없애면, 식물은 뭘 먹고 자라나요?

1. 산불로 타는 땅은 옛날보다 훨씬 줄었어요.

2. 농사와 산림관리 덕분에 불이 덜 나요.

3. 죽은 나무와 수풀을 정리하면 산불을 막을 수 있어요.

4. 송전선 근처 나무는 불쏘시개가 될 수 있어요.

5. "숲을 갈퀴로 쓸자"는 말엔 과학적 의미가 있어요.

6. 이산화탄소는 식물의 양식이에요. 없애면 안 돼요!

퀴즈타임!

Q1 산불이 줄어든 이유는 무엇일까요?

① 비가 많이 와서　② 우리가 숲을 잘 관리해서

③ 땅이 차가워서

Q2 환경 운동가들 주장처럼 죽은 나무와 수풀을 안 치우고 방치하면 어떻게 될까요?

① 그늘이 많아져요.　② 숲이 더 건강해져요.

③ 불쏘시개처럼 작용해 산불이 커져요.

Q3 이산화탄소는 식물에게 어떤 역할을 할까요?

① 독이 된다.　② 먹고 자라는 양식이 된다.

③ 해충을 불러온다.

재난으로 인한 피해는 크게 줄어들었어요.

어떤 사람들은 요즘 들어 자연재해가 예전보다 더 심해지고 있다고 말해요. 정말 그럴까요?

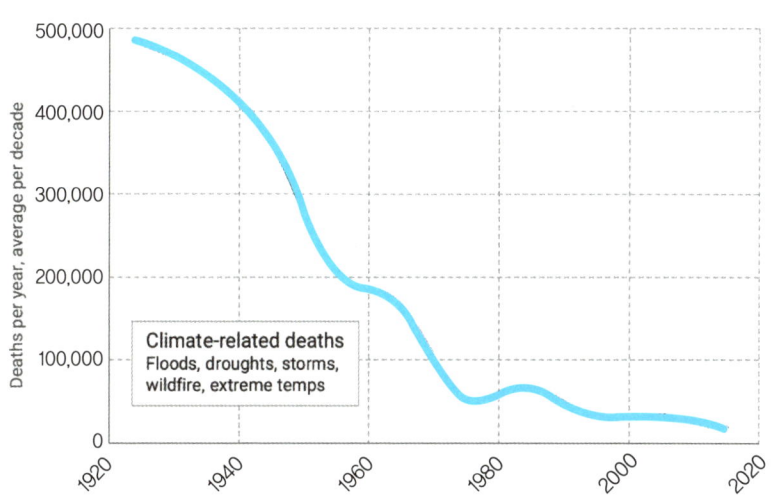

〈그림 15〉 기후 관련 자연재해로 인한 전 세계 사망자 수 (1920~2019년)

사실은 정반대예요!

지난 100년 동안 홍수, 가뭄, 태풍, 산불 같은 기후 관련 재해로 사망하는 사람 수는 크게 줄었어요.

1920년대에는 매년 약 50만 명이 자연 재난으로 목숨을 잃었어요. 하지만 지금은 전 세계에서 2만 명도 안 될 정도로 크게 줄었어요.

그사이 세계 인구는 4배나 늘어났는데도, 오히려 재난으로 사망하는 비율은 99%나 줄었답니다.

왜 그럴까요?

- 병원, 도로, 통신 같은 사회기반 시설이 좋아졌어요.
- 기상 예보가 비교적 더 정확해졌어요.
- 많은 나라는 가난에서 벗어나 생활 수준이 좋아졌어요.

이런 변화 덕분에, 가뭄이 와도 예전처럼 대규모 기근이 생길 가능성은 훨씬 줄어든 거예요.

자연재해로 인한 경제적 피해는 정말 늘고 있을까요?

자연재해로 사람만 다치는 건 아니에요. 집이 무너지고, 차가 망가지고, 공장이 멈추면 경제적으로도 큰 피해를 입게 돼요.

그래서 "요즘은 재난으로 피해 비용이 더 많이 들지 않나요?" 하는 사람들이 많아요.

근데 잠깐만요! 그렇게 보이는 데는 이유가 있어요.

경제 규모가 커지면, 당연히 피해 금액도 커져요.

예전엔 땅에 집 몇 채만 있었던 동네가 지금은 아파트, 쇼핑몰, 주차장, 병원까지 가득해졌다고 상상해 보세요.

그런데 그 동네에 큰 비가 와서 홍수가 났어요.

예전엔 10채의 집만 물에 잠겼다면, 지금은 100채의 아파트와 건물들이 피해를 입는 거예요. 당연히 피해 금액은 커지겠죠?

하지만 그건 기상이변이 더 심해졌기 때문이 아니라, 그동안 우리 경제가 발전하여 더 많은 자산을 만들고 더 부유해졌기 때문이에요.

예전의 돈과 지금의 돈의 가치는 다르다?

또 한 가지 중요한 점이 있어요. 1980년에 1억 원은 엄청난 돈이었어요. 하지만 지금은 물가도 오르고 경제도 커졌기 때문에, 같은 1억 원이라도 그만큼의 가치가 안 돼요.

경제학에서는 이걸 "실질 가치"로 조정해서 비교해요.

예를 들어, 1980년에 10억 달러(약 1.5조 원) 피해를 준 태풍이 지금

발생했다면, 피해 금액은 2.3배, 즉 23억 달러(약 3.5조 원)로 계산돼야 공정한 비교가 돼요.

따라서, "재해 피해 금액이 커졌다!"는 말은 경제가 그만큼 크게 성장했기 때문에 생기는 착시일 수도 있다는 거죠.

GDP와 비교해보면 더 정확해요.

나라 전체의 경제 규모를 나타내는 GDP(국내총생산)와 비교해보면 훨씬 더 정확하게 판단할 수 있어요.

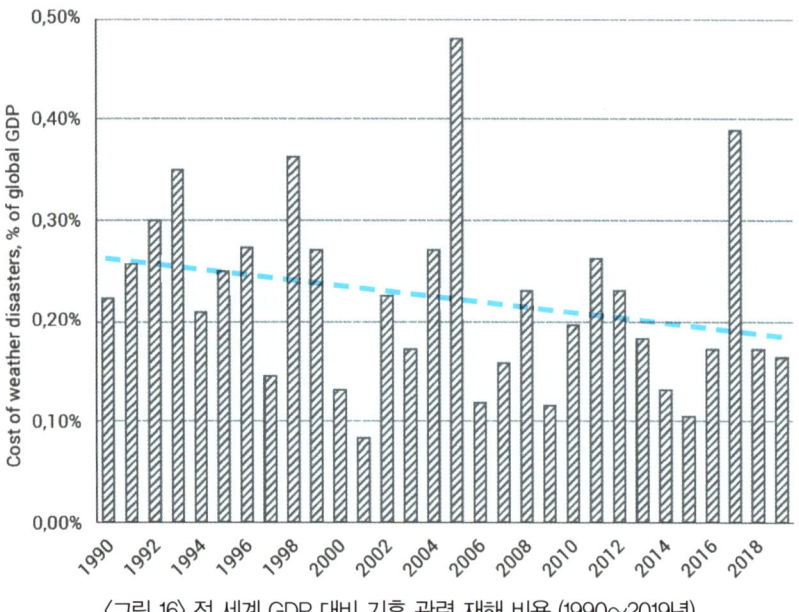

〈그림 16〉 전 세계 GDP 대비 기후 관련 재해 비용 (1990~2019년)

1990년에는 전 세계 GDP 중에서 기후 재해로 인한 피해가 0.26%였고, 2019년에는 0.18%로 오히려 줄었어요.

즉, 돈의 절댓값으로 계산한 피해는 늘어난 것처럼 보여도, 전체 경제에서 차지하는 비율은 줄고 있다는 뜻이에요.

재해는 크게 늘지 않았고, 우리는 대처 능력이 좋아졌어요!

홍수, 가뭄, 산불, 허리케인 같은 재해의 발생 수는 대부분 비슷하거나 오히려 줄어들었어요. 게다가 지금은 대피 안내 방송도 잘 나오고, 재난 문자도 금방 도착하고, 구호 물자도 빠르게 배달되며, 복구도 훨씬 빨라요.

그래서 피해가 있더라도 예전보다 훨씬 빠르게 회복할 수 있게 되었답니다.

정리하면,
- 자연재해는 심해지고 있지 않아요.
- 오히려 사망자 수와 경제적 피해는 줄고 있어요.
- 기술과 경제가 발전할수록, 우리는 더 잘 대비하고 회복할 수 있어요.
- 자연재해로 인한 경제적 피해가 늘어난 것처럼 보일 수 있지만,

실제로는 우리 경제가 더 성장했기 때문에 그렇게 보이는 거예요. GDP 기준으로 보면 피해는 늘지 않았고 오히려 줄었어요.

경제성장이야말로 재난에 잘 대응하고, 피해를 줄일 수 있는 가장 좋은 방법이라는 걸 꼭 기억해 주세요!

1. 재난 피해 금액이 커진 이유는 재해가 심해졌기 때문이 아니라, 우리가 더 부유해졌기 때문이에요.

2. 지금은 집, 공장, 건물이 많아서 같은 재해라도 더 많은 물건이 피해를 입어요.

3. 세계 GDP 대비 자연재해 피해 비율은 1990년 0.26% → 2019년 0.18%로 감소했어요.

4. 재해가 늘어난 게 아니라, 우리가 소유한 것들이 많아져서 피해 규모가 커져 보이는 거예요. 실제로 자연재해로 인한 피해는 줄어들었어요.

5. 자연재해로 인한 피해를 줄이는 최고의 방법은 경제성장과 기술 발전이에요!

퀴즈타임!

Q1 지난 100년간 자연 재난으로 인해 사망하는 비율은?
   ① 99%나 줄었다.　　② 큰 변화가 없다.　　③ 1% 늘었다.

Q2 자연재해 피해를 더 정확하게 비교하려면 어떤 기준이 필요할까요?
   ① 도시 인구수　　　② 나라 전체의 경제 규모(GDP)
   ③ 재해가 일어난 요일

Q3 재난을 이겨내는 데 가장 도움이 되는 것은무엇일까요?
   ① 수증기 줄이기　　② 경제성장과 기술 발전
   ③ 하늘을 향해 소리 지르기

정말 해수면은 빠르게
상승하고 있을까요?

지금으로부터 약 1만 년 전, 지구는 얼음으로 뒤덮인 대빙하기에서 벗어나고 있었어요.

빙하가 녹으면서 바닷물도 빠르게 상승했죠. 이 시기에는 7,000년 동안 해수면이 꽤 많이 올라왔어요.

하지만 그후부터는 상황이 달라졌어요. 해수면 상승 속도가 뚝! 하고 둔화되었고, 지금까지 아주 천천히 변하고 있습니다.

지금 지구 해수면은 얼마나 오르고 있을까?

해양학자이자 세계적인 해수면 연구자인 뫼르너(Mörner) 박사는 이렇게 밝혔습니다.

"현재 해수면은 1년에 평균 1.1mm 오르고 있습니다. 이는 손톱 한 조각만큼 아주 작은 수준이에요."

이 수치는 미국 해양대기청(NOAA)에서도 공식적으로 확인된 자료예요. "100년 안에 바닷물이 1~2미터나 오른다"는 말은 과학적으로 잘못된 예측이에요. 현재까지 실제로 기대되는 상승량은 100년 동안 약 20cm 정도입니다.

해수면 그래프를 보면 어떤가요?

해수면이 정말 급격히 오르고 있다면, 해수면 그래프는 위로 휘는 곡선을 그려야 해요. 하지만 실제 측정 그래프를 보면 거의 직선에 가깝고 완만한 기울기를 보여줘요.

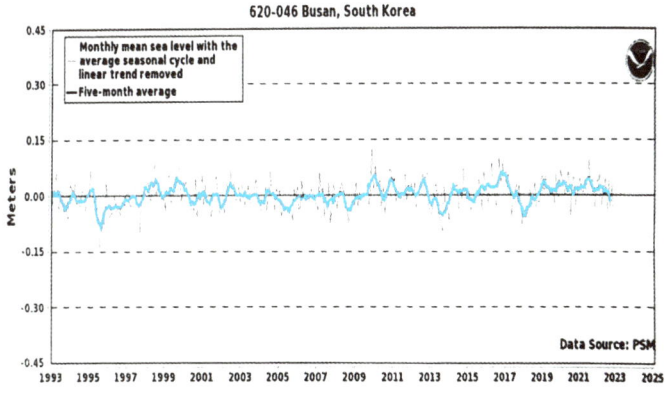

〈그림 17〉 부산 평균 해수면 높이 측정 (1993~2023년)

즉, 해수면 높이 변화는 크게 없다는 것을 뜻해요.

우리나라 땅의 5%가 바닷물에 잠긴다는 말이 사실일까요?

2020년, 환경단체 그린피스는 한 가지 컴퓨터 시뮬레이션 결과를 발표했어요:

"2030년이 되면 대한민국 땅의 5%가 물에 잠기고,
332만 명이 피해를 볼 것으로 예상된다."

뉴스에서는 부산 해운대와 인천공항이 물에 잠겨 편집된 사진을 보여주며 공포감을 조성했어요. 하지만 이 정보는 단지 컴퓨터그래픽으로 만들어진 시뮬레이션일 뿐 전혀 실제 관측이 아니에요.

그린피스 동아시아 사무총장 쯔이펑청(彭章思)은 중국 본토, 대만, 한국 등 동아시아 전역에서 활동 중이에요. 2022년 5월 그린피스는 이렇게 주장했어요.

"한국 정부는 기후 비상사태를 선포하고, 탄소중립을 목표로 한 장기 국가 계획을 세워야 합니다."

이 말에 부산시는 실제로 해상도시 건설 계획까지 세우고 2023년 본예산 기준으로 총 15조 3,480억 원이 편성되었어요. 이 돈 다 대한민국 국민, 우리 세금이랍니다.

정말 이산화탄소가 해수면 높이에 영향을 줄까요?

부산항의 해수면 자료를 보면, 지난 30년 동안 대기 중 이산화탄소 농도는 약 40ppm, 약 10% 정도 증가했어요. 하지만 같은 기간, 부산항의 해수면은 거의 변화가 없었어요!

즉, 이산화탄소가 조금 늘었다고 해서 바닷물이 갑자기 차오르는 일은 없다는 거예요. 그럼 여기에 투입되는 우리 세금 수십조 원은 어떻게 되는 걸까요?

몰디브는 정말 물에 잠기고 있을까요?

언론들이 "몰디브가 물에 잠기고 있다"라고 말하지만, 뫼르너 박사는 현장에서 직접 관측한 결과 이렇게 말합니다.

"몰디브, 투발루, 바누아투에서는 해수면이 올라가지 않고 있습니다. 위성 고도 자료를 보면 지난 30년 동안 수위가 안정적이었다는 것을 확인할 수 있습니다."

실제로 바누아투는 지난 14년간 해수면 변화가 거의 없었습니다.

하늘에서 본 태평양 섬들의 진실

또 하나 재미있는 사실이 있어요. 과학자들이 태평양에 있는 27개 섬들의 항공사진을 61년 전과 비교했더니, 놀랍게도, 23개의 섬은 크기가 그대로거나 오히려 더 커졌어요! 이것은 기후변화로 해수면이 섬을 잠기게 하고 있다는 주장이 크게 과장되었음을 보여주고 있어요.

투발루, 사라지기는커녕 오히려 더 커진 나라?

투발루는 하와이와 호주 사이에 있는 인구 약 1만 2천 명 정도 되는 작은 섬나라예요. 태평양 한가운데 있는 이 작은 나라 투발루도

뉴스에 자주 등장해요.

"투발루는 지구온난화로 인해 곧 물에 잠깁니다."

하지만 이 이야기엔 놀라운 반전이 있어요. 과연 투발루는 정말 가라앉고 있을까요?

위성사진이 보여주는 진실

과학자들은 투발루의 국토가 정말 줄어들고 있는지 위성사진을 통해 조사했어요. 그 결과는 어땠을까요?

지난 40년간 투발루의 국토 면적은 오히려 2.9% 증가했어요. 이 연구는 2018년 과학 논문으로 발표되었어요. 즉, 투발루는 사라지고 있지 않아요. 오히려 국토도 늘고, 인구도 두 배 이상 늘었답니다. 게다가 이 기후 재난 이야기를 듣고 호기심으로 찾는 관광객들 덕분에, 연 평균 10%의 경제성장률을 기록하고 있어요.

진짜 재난? 아니면 가짜 코미디 쇼?!

2021년, 투발루 외무부 장관 시몬코페는 유엔기후변화협약 회의에서 바닷물에 무릎까지 잠긴 채 연설하는 장면을 연출했어요.

하지만 위성사진과 인구 통계를 보면, 이런 연출은 과학적 사실과 다르다는 것을 알 수 있어요.

2021년, 투발루 외무부 장관 시몬코페의 연설 연출 쇼

이런 식으로 공포를 과장하거나 쇼처럼 연출하는 일은 사람들을 혼란스럽게 만들 수 있어요. 과학자들은 말해요.

"모든 주장은 직접 관측된 자료와 함께 살펴봐야 합니다. 공포 조장보다는, 정확한 정보가 중요합니다."

그러면 사람들은 왜 자꾸 이산화탄소를 탓할까요?

여기서 중요한 질문이 나옵니다.

"이산화탄소가 기후에 영향을 거의 주지 않는다면, 왜 많은 정치인과 과학자, 환경 단체들은 자꾸 이산화탄소를 걱정할까요?"

그 이유는 '정치'와 '돈' 때문이에요.

정치인의 이유 정치인들은 경제활동에서 나오는 이산화탄소를 핑계로 세금을 부과하고 규제를 만들 수 있어요. 기업과 사람들을 통제할 수 있죠. 이러한 정치적 명분을 통해 영향력을 계속 확장할 수 있어요.

과학자의 이유 일부 과학자들은 이산화탄소처럼 계산 가능하고 수학적 모델을 구축할 수 있는 기체를 연구하면 무한히 복잡한 퍼즐을 연구 목적으로 만들어 정부로부터 꾸준히 연구비를 받을 수 있어요. 하지만 태양 활동이나 바닷물 흐름 같은 자연적인 기후변화는 너무 복잡해서 예측이 어려워요. 그래서 연구비를 받기 어렵답니다. 이런 이유로, "기후변화의 진짜 원인"을 연구하는 건 세금을 늘리려는 정치인들과 돈에 욕심 내는 과학자들은 관심을 두지 않는 거예요.

과학은 원래 진실을 찾는 과정이에요. 그런데 현실에서는 순수한 과학만 작동하지 않는 경우가 있어요.

MIT의 린젠 교수는 이렇게 말했어요.

"공포가 과학 자금의 동력이 되고 있습니다."

즉, "지구가 위험하다!"라는 결과를 도출해야 다음 연구비를 받을 수 있는 구조가 생기다 보니 기후 과학이 점점 정치와 돈의 영향을 강하게 받게 된다는 주장이에요.

결국 기후학계가 정치적·금전적 영향에서 벗어나지 않는 한, 진짜 과학보다 편향된 결론이 더 많이 나오게 될 수 있다는 것을 기억해야 하겠어요.

슈퍼컴퓨터라도 예측 불가능한 기후

기후 예측이 어려운 이유는 바로 자연의 불확실성 때문이에요. 일기예보도 보통 2주 이상은 맞추기 힘듭니다. 그런데 수십 년, 수백 년 뒤를 예측하는 기후 모델이 과연 얼마나 정확히 예측 할 수 있을까요?

오바마 행정부에서 에너지부 과학차관을 지낸 스티븐 쿠닌 박사는 말했어요,

"현재 기후 모델은 구름이나 해양 같은 핵심 요소를 제대로 반영하지 못합니다. 실제 데이터와 모델 사이의 큰 차이가 있을 수 있습니다."

아무리 성능이 좋은 슈퍼컴퓨터라도 자연의 무한한 변수, 소수점 아래 끝없이 이어지는 복잡성을 다 계산할 수는 없다는 이야기예요. 지구는 단순한 프로그램이 아니라, 살아 있는 복잡한 시스템이니까요.

그린피스 창립자 중 한명인 패트릭 무어 박사는 이렇게 강조했어요,

"미래를 완벽하게 예측할 수 있는 컴퓨터 프로그램은 존재하지 않습니다."

우리가 할 수 있는 건 겸손하게 실제 데이터를 관찰하고, 그 데이터를 토대로 이해를 조금씩 쌓아 가는 것뿐이에요.

과학자들의 실제 목소리: 오리건 청원

그렇다고 해서 모든 과학자가 "인간이 기후를 망치고 있다"라고 믿는 건 아니에요. 오히려 다른 의견을 내는 과학자들도 많답니다.

대표적인 사례가 오리건 청원 프로젝트(Oregon Petition Project)랍니다. 1998년 미국에서 시작된 이 청원에는 무려 31,487명의 과학자가 서명했어요. 그중 9,000명 이상은 박사 학위를 가진 전문가였답니다. 오리건 청원의 핵심은 이래요.

"인간이 배출하는 온실가스가 지구 기후를 위험하게 교란한다는 설득력 있는 증거는 없습니다. 오히려 이산화탄소 증가는 식물과 동물 환경에 유익합니다."

즉, 과학자들 사이에도 "인간이 기후 재앙을 만든다"는 주장에 동의하지 않는 목소리가 많다는 뜻이예요. 실제로 2012년과 2019년에도 수백 명의 과학자들이 유엔에 "기후 비상사태는 없다"라는 내용의 공개 성명서를 보냈답니다.

하지만 이런 의견은 언론이나 정치권에서 잘 다뤄지지 않아요. 게다가 연구비 지원에도 영향을 주다 보니, 많은 과학자들이 점점 한쪽

방향만 연구하게 되는 구조가 생겨버린 것일수도 있어요.

과학은 사람들의 합의로 움직는 것이 아니예요. 과학은 언제나 데이터와 검증으로 움직여요. 아무리 많은 과학자가 한쪽으로 주장하더라도, 실제 관측과 맞지 않으면 그건 틀린 거예요.

그래서 우리는 과학자들의 다양한 목소리를 존중함과 동시에 데이터가 무엇을 말하는지를 살펴봐야 해요.
과학은 합의가 아니라 증거로 움직인다는 사실, 꼭 기억해 주세요!

1. 해수면은 지난 8,000년간은 안정적이에요.
2. 지금 해수면은 1년에 1.1mm 정도만 오르고 있어요. (한 세기에 약 18~20cm)
3. 2020년 그린피스는 "2030년 한국 땅의 5%가 잠긴다"고 발표했지만, 이는 시뮬레이션일 뿐 실제 관측이 아니에요.
4. 지난 30년 동안 이산화탄소는 10% 증가했지만 부산항의 해수면은 변화가 거의 없어요.
5. 몰디브, 투발루, 바누아투는 해수면 상승 피해가 거의 없어요.
6. 투발루는 "가라앉고 있다"는 주장과 달리, 국토 면적은 2.9% 증가했고 인구도 두 배로 늘어났어요.
7. 위성사진과 실제 데이터는 기후 공포와 다르게 해수면이 안정적이라는 걸 보여주고 있어요.
8. 탄소중립 정책은 비용은 많이 들고 효과는 거의 없어요.
9. 정치인은 세금! 과학자는 연구비!

퀴즈타임!

Q1 **지금 해수면 상승 속도는 얼마나 될까요?**
　① 매년 1km　　② 매년 1.1mm　　③ 매일 1미터

Q2 **투발루의 실제 변화는?**
　① 해수면에 잠김　② 국토 면적 증가　③ 인구 전부 이주

Q3 **지난 30년간 부산항 해수면은?**
　① 도시가 물에 잠길 정도로 높아졌다.　② 변화가 거의 없었다.
　③ 갑자기 낮아졌다.

05

정말 북극곰이
삶의 터전을 잃고 있을까요?

23

북극 해빙은 녹아 내리거나
줄어들고 있지 않아요.

북극은 지구의 머리 위, 아주 추운 바다예요. 이곳은 겨울이면 바닷물이 꽁꽁 얼어 "해빙(海氷)"이라는 얼음 바다가 돼요. 많은 사람들은 이 해빙이 다 녹고 있다고 걱정하지만, 과연 사실일까요?

위성으로 관찰한 북극 해빙

1978년부터 과학자들은 위성을 이용해 북극의 해빙을 꾸준히 살펴보고 있어요. 매일매일 사진을 찍고 얼음이 얼마나 있는지 계산하죠.

물론 해마다 여름이 되면 얼음은 줄어들어요. 여름에는 따뜻해서 얼음이 녹기 때문이에요. 하지만 중요한 건, 이건 매년 반복되는 자연스러운 계절 변화라는 거예요.

2002년에 얼음이 가장 적었던 해가 있었지만, 그 양도 과거보다 아주 약간 적었을 뿐이에요. 그리고 2003년 3월에는 북극 해빙이 1,488만 제곱킬로미터(km²)까지 늘어나기도 했어요. (한반도 면적의 약 150배나 되는 엄청난 크기예요!)

북극곰은 여름에 먹이를 먹지 못해서 위험할까?

많은 사람이 이렇게 말해요.

"여름에 얼음이 줄어들면 북극곰이 물개를 못 잡아서 굶을 거예요."

하지만 과학자들은 이 말이 사실이 아니라는 걸 밝혀냈어요.

북극곰은 여름이 되면 거의 먹이를 먹지 않아요. 봄에 물개를 많이 잡아먹고, 그걸 몸에 지방으로 저장해서 여름 내내 단식하며 지내요. 심지어 5개월 동안 아무것도 안 먹고도 잘 지내는 북극곰도 있어요! 어떤 북극곰은 얼음 위에서 여름을 보내면서도 아무것도 먹지 않았는데도 건강하게 살았어요.

이건 무슨 뜻일까요?

북극곰에게는 여름철에 해빙이 꼭 필요하지 않다는 뜻이에요. 중요한 건 얼음보다 봄철에 먹이를 충분히 먹고 건강하게 지방을 저장하는 것이에요.

해빙이 줄어든 지역이 어디인지도 중요해요.

북극 전체에서 해빙이 줄었다고 해도, 그게 북극곰이 사는 지역이
아닐 수도 있어요.

예를 들어, 오호츠크해(러시아 근처 바다), 세인트로렌스만(캐나다 근처
바다), 이런 지역에서는 해빙이 줄어들었지만, 북극곰은 살고 있지 않
아요. 즉, 북극곰과는 상관없는 지역의 해빙이 줄어든 것이죠.

북극곰 전문가들은 이렇게 말해요:

**"북극곰은 여름에 해빙이 있어도 생존할 수 있고, 없어도 생존할 수 있습
니다. 여름 동안 먹이를 거의 먹지 않아도 살아가는 데 문제가 없기 때문
입니다."**

정말 놀라운 사실이죠?

1. 북극 해빙이 줄어들긴 했지만, 아주 큰 변화는 아니었어요.

2. 북극곰은 여름에 거의 먹지 않고도 잘살 수 있어요.

3. 북극곰은 워낙 건강해서 지방을 저장해 여름 내내 단식을 견딜 수도 있어요.

4. 얼음이 줄어든 지역은 북극곰이 사는 곳이 아닌 경우가 많아요.

Q1 북극곰은 여름에 어떻게 지내나요?

① 매일 물개를 잡아먹어요.

② 해초를 먹어요.

③ 지방을 저장해 단식하며 지내요.

북극곰은 정말 사라지고 있을까요?
아니요. 계속 늘고 있어요!

여러분, 북극곰은 북극의 해빙에서 살아가는 최상위 포식자예요. 사자나 호랑이처럼 먹이사슬의 맨 꼭대기에 있는 강한 동물이죠.

하지만 우리는 북극곰을 볼 때 자꾸만 귀엽고 불쌍하게 생각해요. "얼음이 녹으면 북극곰은 어디서 살아?"라고 걱정하죠. 그런데 실제로 북극에 사는 사람들은 전혀 그렇게 생각하지 않아요. 왜 그럴까요?

북극곰은 정말 맹렬한 공격 본능을 가지고 있기 때문이에요.

북극곰은 마을도 공격해요.

북극곰은 먹이를 찾기 위해 사람 사는 마을까지 내려오기도 해요. 특히 썰매를 끄는 개들, 즉 썰매견이 자주 희생돼요. 북극곰은 긴 겨울을 나기 위해 많은 음식을 미리 저장해야 하거든요. 그래서 먹을 걸 찾아서 마을 주변까지도 어슬렁거리곤 해요. 이건 곧 북극곰의 뛰어난 적응력을 보여주는 거예요.

북극곰 개체 수는 점점 늘고 있어요!

뉴스에서는 "북극곰이 사라지고 있다."라고 하지만, 사실은 그 반대예요. 북극곰은 계속 늘어나고 있어요. 그럼 과학자들이 조사한 실제 내용을 볼까요?

2016년, 미국 어류야생동물국(USFWS)의 생물학자 에릭레거(Eric Regher)는 이렇게 발표했어요.

"북극곰은 여전히 건강하고, 새끼도 잘 낳고 있고, 생존율도 떨어지지 않고 있습니다."

그래서 원주민들이 사냥할 수 있는 북극곰 수를 연 58마리에서 85마리로 늘렸어요.

데이비스 해협이라는 곳에서도 빙하가 줄었지만 북극곰 수는 오히려 더 늘었어요.

북극곰은 수영도 아주 잘해요! 한 번에 5분 넘게 숨 참기도 하고, 13.9m 깊이까지 잠수할 수도 있어요!

"수영을 못해서 북극곰이 위험하다"는 말은 근거가 없어요.

1950년대에 북극곰은 약 5천 마리 정도 있었는데요, 그 수는 계속 늘어서 2008년 보호종으로 지정될 당시에도 1984년 개체 수 대비 거의 비슷했어요. 당시 〈뉴욕타임즈〉 보도에 따르면 "북극에 2만 5천 마리 이상의 북극곰이 살고 있고, 그중 1만 5천 5백 마리는 캐나다에 있다"고 했거든요.

북극곰 개체 수는 어떻게 변하고 있을까요?

연도	북극곰 개체 수
1950년대	약 5,000마리
1965년	약 8,000마리
1970년	약 10,000마리
1984년	약 25,000마리
2005년	약 20,000–25,000마리
2015년	약 22,000–31,000마리

〈그림 18〉 북극곰 개체 수 변화 추이

그리고 국제자연보전연맹(IUCN)이 2015년에 새로 추정한 자료를 보면, 중간값이 약 26,500마리로 나옵니다. 범위를 넓게 잡아도 최소 22,000마리, 많게는 31,000마리였지요.

동물학자 수잔 J. 크록포드 박사는 2018년 보고서에서 업데이트된 데이터를 보면 이렇게 말했어요.

"전 세계 북극곰 개체 수는 계속 증가하여 이제 3만 마리가 넘습니다."

즉, 숫자를 조금 보수적으로 잡더라도, 지금의 북극곰 수는 1973년 국제적으로 보호를 받기 시작한 이후 가장 많은 수준이라는 거예요!

그런데 왜 언론은 이제 더 이상 북극곰을 언급하지 않을까요?

북극곰이 줄어들지 않고, 오히려 늘어난다는 과학적 사실이 발표되자, 언론은 더 이상 북극곰과 개체 수에 대한 이야기를 보도하지 않고 있어요. 기후변화로 북극곰이 사라진다는 슬픈 이야기가 사실이 아니라는 것이 드러나버렸기 때문이에요.

왜 틀린 예측을 인정하지 않고 정정하여 보도하지 않을까요?

사실 진짜 위험은 기후가 아니라 '사냥'이에요.

북극곰에게 진짜 위협은 기후가 아니라 무분별한 사냥이에요.

167

사실 1960년대까지만 해도 북극곰은 지나친 사냥으로 개체 수가 크게 줄었어요. 그래서 각국은 사냥 제한 규제를 만들었고, 그 덕분에 지금은 북극곰이 많이 늘어난 거예요.

북극곰을 지키는 진짜 방법은 탄소배출을 줄이는 게 아니라, 사냥을 멈추는 것이랍니다.

북극곰은 생각보다 더 똑똑하고 유연해요.

과거엔 과학자들이 "여름철 얼음이 줄면 북극곰이 굶는다"고 말했어요. 하지만 실제로는 봄철이 더 중요한 시기라는 것이 밝혀졌어요. 북극곰은 봄철에 더 많은 먹이를 먹고, 해빙 농도도 자기가 원하는 대로 잘 골라서 사냥해요.

게다가 북극곰은 넓은 바다에서 수영도 잘하고 다이빙도 잘하는 동물이에요.

결론! 북극곰은 건강하고, 개체 수는 늘어나고 있어요!

북극곰이 멸종할 거라는 예측은 과학적으로 틀렸어요. 해빙이 줄었어도 북극곰은 사라지지 않았고, 더 건강해졌어요.

북극곰은 놀라운 적응력을 가진 동물이에요. "기후위기 때문에 북극곰이 사라진다"는 말은 과학적으로 맞지 않아요.

1. 북극곰은 최상위 포식자예요!
   북극의 해빙 위에서 살아가며 바다표범을 사냥하고, 긴 겨울을 나기 위해 뛰어난 적응력을 가지고 있어요.
2. 북극곰은 마을까지 내려와 썰매견을 공격해요.
   실제 북극 사람들에게는 위험한 존재예요.
3. 북극곰 수는 오히려 증가하고 있어요!
   2005년: 약 22,500마리 2019년: 약 26,500마리 (역대 최고)
4. 북극곰은 수영도 잘해요.
   5분 이상 숨 참고, 13.9m 깊이 잠수도 가능! 수영 때문에 죽는다는 건 과학적으로 근거 없어요.
5. 북극곰에게 진짜 위협은 '기후'가 아니라 '사냥'이에요.
   사냥 규제로 개체 수는 늘었어요.
6. 봄은 북극곰에게 더 중요한 시기예요. 해빙이 조금 줄어도 잘 적응해요.
   먹이를 많이 잡는 계절은 여름이 아니라 봄이에요.
7. 예측 모델은 실패했어요. 해빙이 줄어도 북극곰은 사라지지 않았어요.
   멸종될 거라는 말은 틀린 예측이었어요.

퀴즈타임!

Q1 북극곰은 어떤 동물인가요?
   ① 최상위 포식자   ② 초식동물   ③ 바다거북의 친구

Q2 북극곰은 몇 분 이상 잠수를 할 수 있나요?
   ① 1분   ② 0.1분   ③ 5분 이상

Q3 최근 북극곰의 개체 수는 어떤가요?
   ① 줄고 있다.   ② 비슷하다.   ③ 계속 늘고 있다.

누가 진짜 과학을 말하고 있을까?

사람들은 오랫동안 하늘이나 대기보다, 땅과 물을 잘 관리하면서 살아왔어요. 농사를 짓고, 강을 따라 도시를 만들고, 땅속에서 자원을 캐면서 문명을 발전시켜 왔죠.

그런데 요즘은 "기후가 위기예요."라는 이야기가 너무 자주 들려오죠?

이런 말들을 하는 사람들 가운데는 기후위기를 '종교'처럼 믿는 사람들도 있어요. 그들은 "이산화탄소가 나빠요."라고 외치면서, 우리가 쓰는 전기나 자동차, 공장 등을 모두 바꾸라고 말해요.

하지만 정말 그럴까요?

누가 진짜 과학을 말하고 있을까요?

기후위기를 말하는 사람들은 "전문가를 믿어야 한다."고 말해요.

하지만 그들이 말하는 내용이 늘 과학적으로 정확하진 않아요. 어떤 경우엔 데이터를 일부러 이상하게 해석해서 사람들을 겁주기도 해요. 그리고 그 영향으로 국민들의 세금이 엉뚱한 곳에 쓰이고 있어요.

- 불안정하고 많은 동물을 죽이는 풍력 터빈,
- 밤에는 전기를 만들 수 없는 태양광 패널,
- 화재 피해 위험이 매우 큰 전기차 배터리,

이런 기술들에 수십조 원의 세금 예산과 보조금이 들어가고 있어요. 하지만 정작 우리가 받는 전기는 불안정하고, 요금은 비싸지고, 공장들은 문을 닫고 있어요.

기후위기? 정말 이산화탄소가 문제일까요?

사람들은 이산화탄소가 마치 지구를 망치는 괴물인 것처럼 이야기해요. 하지만, 이산화탄소는 식물에게 꼭 필요한 '공기 속의 양식(영양분)'이에요!

정말 우리가 지구 기온을 바꿀 만큼 많은 이산화탄소를 내고 있는 걸까요? 아니에요. 이산화탄소는 지구의 자연스러운 호흡이자 생명과 같은 존재랍니다.

이 모든 건 의도된 "기후정치 코미디 쇼"일 수도 있어요!

이제 우리는 생각해봐야 해요.

- 기후위기? 탄소중립? 누가 처음 이런 거짓을 말하기 시작했을까요?
- 왜 이산화탄소를 나쁜 존재인 것처럼 만들었을까요?
- 왜 모두가 똑같은 말만 하고, 반대하는 목소리는 사라졌을까요?

많은 정치인과 학자, 기업들이 "탄소중립"이라는 말을 통해 돈과 권력을 얻고 있었던 거예요. 그리고 이 움직임의 실질적인 이익은 상당 부분 중국이 가져가고 있어요. 중국은 배터리, 희귀 광물, 태양광 패널, 풍력 터빈 제조 및 생산 시장을 장악하고 있거든요.

우리가 해야 할 일은 무엇일까요?

과학은 올바른 질문을 하는 것에서부터 시작해요.
"왜 그런 거지?"
"정말 그런가?"
"다른 설명과 해석은 없을까?"

172

지금까지 우리는 "인간이 지구를 아프게 만들었기 때문에 마땅히 규제받아야 한다"고 배워왔어요. 하지만 정말 그럴까요?

- 나무는 이산화탄소를 마시며 자라요.
- 바다는 스스로 이산화탄소를 내보내요.
- 지구는 태양 활동에 따라 따뜻해졌다가 식기도 해요.

진짜 자연의 섭리를 알게 된다면, 기후가 그렇게 쉽게 우리 인간에 의해 조종될 수 없다는 걸 알게 된답니다!

다음 이야기, 기후코미디 파트 2에서는 더 깊은 이야기를 살펴볼 거예요.

- 누가 기후위기를 "정치적 무기"로 만들었는지,
- 왜 언론과 교육이 한쪽으로만 치우친 목소리를 내고 있는지,
- 이 잘못된 정책의 진짜 목적이 무엇인지,
- 그리고 누가 어떤 이득을 취하고 있는지,

두 번째 이야기에서는 우리 함께 기후 어젠다(Agenda)에 대한 진짜 이야기를 함께 알아봐요!

감사합니다.

참고자료

Lynne Balzer(2023), "Exposing the Great Climate Change Lie, Faraday Science Institute," ISBN: 978-1733460330

Norman Rogers(2019), "Dumb Energy: A Critique of Wind and Solar Energy, Dumb Energy Publishing," ISBN: 978-1732537644

Gregory Wrightstone(2017), "Inconvenient Facts: The science that Al Core doesn't want you to know," Silver Crown Productions, LLC, ISBN: 978-1545614105

Susan Crockford(2019), "The Polar Bear Catastrophe That Never Happened," The Global Warming Policy Foundation, ISBN: 978-0993119088

Patrick Albert Moore(2010), "Confessions of a Greenpeace Dropout," Beatty Street Publishing, Inc., ISBN: 978-0986480829

Marc Morano(2021), Green Fraud: Why the Green New Deal is Even Worse than You Think," Regnery, ISBN: 978-1684511143

Bjorn Lomborg(2020), "False Alarm: How Climate Change Panic Costs Us Trillions, Hurts the Poor, and Fails to Fix the Planet," Basic Books, ISBN: 978-1541647480

S. Fred Singer(2021), "Hot Talk Cold Science: Global Warming's Unfinished Debate," Independent Institute, ISBN: 978-1598133417

Steve Goreham(2023), "Green Breakdown: The Coming Renewable Energy Failure," New Lenox Books, ISBN: 978-0982499665

Tushar Choudhary(2024), "The Climate Misinformation Crisis," HopeSpring Press, ISBN: 979-8986435831

John L. Casey(2014), "Dark Winter: How the Sun is Causing a 30-Year Cold Spell," Humanix Books, ISBN: 978-1630060350

30,000 마리

마리

"전 세계 북극곰 개체 수는
계속 증가하여
이제 3만 마리가 넘습니다."
– 수잔 J. 크록포드

5,000 마리